量子力学のからくり

「幽霊波」の正体

山田克哉 著

装幀／芦澤泰偉・児崎雅淑
カバーイラスト／村越昭彦
目次・章扉デザイン／中山康子
本文図版／さくら工芸社

まえがき

　どうして雨が降るのか、どうして雪が降るのか、どうして地震が起こるのか、光とはいったい何か、等々。このように自然現象に疑問を持ち、それを解決することは実に楽しいことなのですが、残念ながら最近、子供たちの科学離れ、あるいは学生たちの理工科系離れが目立ってきていると言われています。

　私は大学で物理学を教えていますが、10年ほど前のある日、教職科目になっている一般物理学の授業の際に水素原子から出る光のスペクトル線を学生に見せました。原子からは赤や青といった鮮やかな色をした光が発せられます。学生1人1人に「これは原子から直接出てくる光なので、これらの色こそ天然色だ。どうだ、すばらしいだろう」と問いただしたところ、ほとんどの学生（1クラス25人程度）が単に「はい」と答えただけで、何の反応も示しませんでした。「馬の耳に念仏か……」と思わずがっくりきて、「大学生になってからでは遅すぎる。小学生時代にもっと自然科学に接するような機会を持たせるべきだ」と思ったりしました。

　今の大学生たちは湯川秀樹やキュリー夫人の名を知っている人はかなり少ないと聞いています。戦後間もない私が9歳の時（1949年）、湯川博士は日本人として初めてノーベル物理学賞を受賞しましたが、その時のことは今でも鮮明に覚えています。子供の頃に受けた刺激は一生忘れるものではありません。

2002年、日本では小柴昌俊さんと田中耕一さんのお二人が日本にダブルのノーベル賞をもたらしました。すでに知れ渡ったことですが一度に2つの分野（物理と化学）でノーベル賞が日本にもたらされたのはこれが初めてです。これにより日本の若者たちも少しは刺激を受けたのではないでしょうか。特に一介のサラリーマン研究者にすぎない田中さんの化学賞受賞は、ずいぶん色々な方面の人たちに刺激を与えたことと思います。田中さんは、大学教授でも博士でもない人でもノーベル賞を獲得できる可能性があるということを私たちに示してくれたのですから（実はご家庭の事情もあって大学院に進むことを断念されたと聞いています）。

　しかし私は何も「学者になれ、ノーベル賞を獲れ」と言っているのではありません。若い時に自然科学の知識をある程度習得しておけば、ものを見る目も変わり、人生をより豊かにできるし、生活態度にも影響が出てくるものです。これは事実であると信じています。

　これで日本人のノーベル物理学賞受賞者は湯川秀樹博士、朝永振一郎博士、江崎玲於奈博士、そして小柴昌俊博士の合計4人となりました。4人の物理学賞の対象となった研究分野はすべて「量子力学」に直接関係しているのです。

　1920年代に量子力学がほぼ確立された頃、量子力学は原子や原子核などのような極微の世界だけを説明する理論であると思われていました。ところが近年、この広大な宇宙を理解するためには量子力学が必須であることが分かってきたのです。つまり、この世のすべての自然現象をその根

まえがき

底から説明するためには、どうしても量子力学に頼らざるをえないということなのです。量子力学なくしてこの世あらずということになりましょう。少なくとも今までのところ、量子力学に反するような自然現象は1つも観測されていないのですから。

幾つかの例を挙げてみますと、先ほどの「原子から出る光」も量子力学を使わない限り説明のしようがないのです。また太陽表面の黒点が磁石になっている現象も、量子力学を使ってはじめて明らかにされたのです。さらにはレーザー光線、半導体なども量子力学の応用から発明されたものです。生物体の働きや脳の働きもその根底レベルでは量子力学を使わざるをえないことでしょう。

私事で恐縮ですが、私は大学4年生の時に正規の量子力学のコースを2学期間連続して受講し、習得しました。実はその前に私はすでに量子力学に関する本（専門書ではなく主に啓蒙書）を相当読みあさっていたのです。その量子力学のクラスでの教授の講義は大変つまらなく感じました。なぜなら教授の講義は実に淡々としていて、「これはこうであるからこうである」というような調子の講義で、単に数学的に量子力学を説明しただけだったからです。量子力学を数学的にのみ説明すると、実に無味乾燥といった感じを受けるものです。「もっと感動を与えるような説明をしてくれないかなあ」と思ったものでした。量子力学は単なる確率論にすぎないというような印象すら受けました。何が数学的と言って量子力学ほど数学的な理論はありませんから、講義が数学的で淡々となるのも無理もないこととは思いつつも「この教授、量子力学を本当に理解して

いないのではないか」と疑ったりもしました。

ところがある日、その教授は「今日は特別な講義をしてやろう」と言って、量子力学の歴史を哲学的な意味をもって説明してくれたのです。大変おもしろい講義でした。この後、教授は学生たちの気持ちを察したのか、次のようなことを言ったように記憶しています。「量子力学の深い哲学的な意味をいちいち説明していたのではとても埒が明かない。学期内にしかるべき内容を終わらせることができない。1つの科目としてその内容全部を学期内に終わらせるためには数学的な講義にならざるをえない。したがって講義が淡々となっても仕方がない」（注：このあたりの表現は私が勝手に作り上げたきらいもありますが、内容は変わっていないと思います）。これを聞いた私は、自分の心が見透かされたような気持ちになり、内心びっくりしました。

この本は量子力学を数学的に淡々と説明するものではありません。量子力学は確立されてはいるものの、なぜ量子力学がそのようになっているのか、量子力学をどのように解釈すべきかなどという点に関しては、いまだに完全な決着がついていないのです。それにもかかわらず量子力学を駆使して物理学者は物理学の研究に携わっており、そのおかげで今まで全く知られていなかった事実が浮かび上がってきています。江崎玲於奈博士のトンネルダイオードは正に量子力学の賜物ですし、マイクロ・コンピュータも結局は量子力学の賜物です。量子力学は奇々怪々で、人間の常識を逸脱しているような理論です。本書は量子力学がどのように奇々怪々なのかを説明しています。電子（粒子）が

まえがき

波のように振る舞っていることは実験的に確かめられているのだけれど、さりとてその波を実際に観測しようとすると波は消えてしまうのです。この本ではそのような波を「幽霊波」と呼んでいます。幽霊波の本体はいったい何なのでしょう？　ほんとうに幽霊なのでしょうか？　この幽霊波を受け入れない限り現代物理学は理解のしようがありません。

　幽霊波は、測定からどんな結果が現れるのか、その結果に対する確率を計算する時に用いられます。人がガンになるのかならないのかは確率的です。この確率も究極のレベル（原子や素粒子でのレベル）では、幽霊波に起因しているのかもしれません。なぜなら細胞の働きも究極的には幽霊波によって牛耳られているかもしれないからです。否、おそらくそうでしょう。

2003年6月　ロサンゼルスにて

山田克哉

目次

まえがき 5

第1章 分母から1を引けばよい 15

波は伝わる 16
物体を熱すると光を発する——黒体放射 21

第2章 電子が波であるという証拠はあるのか? 37

光は電磁波ではなく粒で出来ているのか? 38
コンプトン散乱 48
原子の中はどうなっているのか 53
電子も波か? 62
確かに電子は波だ! 76

第3章 見ようとすると消える幻の波——幽霊波 85

光が波である証拠 86
塀の反対側はなぜ見えないか? 86
干渉縞と回折像 95
波動関数の物理的解釈 103
結局、電子はどっちのスリットを通過するのか? 108

第4章 幽霊の出所は波動方程式だ 113

波動方程式——シュレーディンガーの式 114

実体のない波、波動関数 118

幽霊波と虚数の関係 119

再び水素原子 121

「量子化」を表す量子数 131

シュレーディンガーの方程式に関係なく量子数は現れる 133

スピン角運動量 134

軌道角運動量量子数 ℓ 138

磁気量子数 m 139

軌道角運動量 Z 成分 Lz は確かに量子化されている 144

量子飛躍(クオンタム・ジャンプ)は理解困難か？ 152

鏡に映った幽霊とパリティ 157

何が水素原子の大きさを決めるのか？ 161

物理状態を知る確率 163

第5章 無から有が出る 169

測定順序を逆にすると違った結果が出る 170
波束 172
波束と粒子との関係 175
不確定性原理 178
未来は決定できない 195

第6章 「私の方程式は私よりも賢い」 197

電子は踊る 198
電荷を有する物体がスピンすると磁石になる 198
スピン角運動量 203
スピンの波動関数 206
スピン量子数 207
量子力学の奇妙さ 210
右巻きの素粒子と左巻きの素粒子 212
フェルミオンとボソン 214
パウリの排他律 215
私の方程式は私よりも賢い! 225
反粒子(陽電子)の発見 240
粒子の生成消滅と場の量子論 243

第7章 トンネル効果？それがどうした！ 247

障壁ポテンシャルって何だ? 248
トンネル効果 252
だからどうした? 255

第8章 結局、誰も量子力学を理解できないのか？ 265

波動関数の収縮 266
観測結果は因果律に左右されない 270
アインシュタインに嫌われた量子力学 271
EPR思考実験 272
あのアインシュタインが間違っていたのか? 284
ベルの不等式とアスペの実験 285
誰も量子力学を理解できない? 288

参考文献 290

さくいん 291

第1章
分母から1を引けばよい

量子力学はいつどのような過程を経て誕生したのでしょう？　その前に量子力学は「幽霊波」を扱うので、まず波について少し説明しておきましょう。波は見て感じるほど簡単な物理現象ではありません。波の概念をかなり把握していない限り量子力学は理解しにくくなります。

波は伝わる

「波は動く」というよりも「波は伝わる」という表現の方が正確です。ぴんと横に張った糸の1つの端を上下に繰り返して揺さぶるとその端は「振動」します。しかし端だけを揺さぶっているにもかかわらず、振動は次々と糸を伝わっていき、しまいには糸全部が振動するようになります。

　水面に人差し指を入れて上下に振動します。指の振動はそこの水面を揺さぶります。するとそこの部分の水面も上下に振動します。この振動はその部分の水面だけに留まらずまだ振動していない部分を次々に揺さぶっていくので、四方八方へと水面上を伝わっていきます。水面上に乾いた木の葉を浮かべておくと、水面上に振動が伝わったとき木の葉はその場所を移動することなく同じ場所で上下運動を繰り返します。

　人間は声を出しますが、声は喉にある声帯が振動するために起こるものです。声帯の振動は声帯に接している空気を揺さぶるため、その部分の空気が振動します。この振動は次々と他の部分の空気を揺さぶるため、結局、声帯の振動は空気を伝わっていくことになります。この揺さぶられた空気が他の人の耳の鼓膜に当たると、今度は鼓膜が揺さぶられ、鼓膜は声を発した声帯の振動と同じように振動し

ます。この振動が脳に伝えられて「音」として聞こえるわけです。

このように振動が何らかの媒質（上の例では、媒質は糸、水面、空気）を伝わっていく現象が「波」というものです。

波が媒質を伝わるということは、物質が波といっしょに場所から場所へと移動することではありません。糸を伝わっていく波の場合、波が糸の端から端まで伝っていっても、糸を構成している原子や分子は糸の端から端まで移動してはいません。「揺さ振りの状態」すなわち振動だけが媒質を伝わっていくのです。糸の各部分は単に上下運動するだけです。したがって「波の速度」は振動が媒質中を次々と伝わっていく速度を表すもので、物質の速度とは完全に異なります。

教室の黒板の前にチョークを手で持って立ってみます。チョークを黒板に接しながら手を上下に振動させると、黒板には縦の線が幾つも重なって描かれます。そこで手を上下に動かしながら黒板に沿って一定の速度で動いてみます。すると黒板にはいわゆる波の模様が描かれます。もっともこれは波とは言えませんが、媒質のある1点だけを揺さぶっても振動が1ヵ所だけに留まっているのではなく、最初の場所が振動したらすぐ次の場所が揺さぶられ、その振動がさらに次の場所を揺さぶり……というぐあいになるという、振動が伝わる現象を示しています。そして最初の場所が次々と振動を繰り返すと、1つ1つの振動が他の場所に伝わっていき、同じことが繰り返され、波は常に媒質を伝わることになり、結局、媒質のどの部分も常に振動を

繰り返すことになります。波が媒質中を伝わる速度（これを波の伝播速度といいます）は媒質の種類やその時の温度などによって異なります。とにかく、波というものは「何か」が振動しない限り絶対に発生しないものと覚えておいてください。

　光、熱線、電波などは目に見えない電磁波ですが、電磁波は何が振動しているのでしょう？　電磁波は今まで紹介した普通の波のようには説明できません。電磁波は磁場と電場が振動して出来る波です。この場合の振動とは「交互に起こる磁場と電場の変化」を表します。磁場も電場もベクトル量であり、方向を持っているので、場の強さが「強⇒弱⇒強⇒弱……」と変化するだけではなく方向も「上向き⇒下向き⇒上向き⇒下向き……」のように周期的にひっくり返ります。磁場が時間的に変化すると、時間的に変化する電場が発生します。また電場が時間的に変化すると、時間的に変化する磁場が発生します。すると磁場が電場を生み、その電場が磁場を生み、その磁場がさらに新たな電場を生む……ということが繰り返されて電磁波が発生するのです。電場も磁場も物質ではありませんから、電磁波は媒質がなくても発生するのです。つまり電磁波は真空空間をも伝わることになります。この伝播速度が光の速度なのです。

　大きなスイミングプールのど真ん中に小さな乾いた木の葉を浮かべておきます。この木の葉を棒など何も使わずに（直接タッチせずに）動かしてみろと言われたら皆さんどうします？　そうですね、プールの水に手を入れて揺さぶり、水の表面を振動させてやればよいのです。そうすると

水面上に波が発生し振動は木の葉のある場所を連続的に通過するため、木の葉も上下運動を開始します。木の葉が動くと木の葉は運動エネルギーを持つようになります。どんな類のエネルギーも決して無から発生することはありません。では木の葉の持つ運動エネルギーはどこから出てきたのでしょう？　手を上下する人から出てきたのです。水に手を入れて上下運動を繰り返していると、その人はエネルギーを消費するので疲れてきます。手の上下運動は運動エネルギーを持ち、水面上に出来た波がそのエネルギーを木の葉の所まで運んでくれるのです。つまり波はエネルギーを運ぶことになります。水面上の波ばかりでなくどんなタイプの波もエネルギーを運びます。

　以上みてきましたように、いかなる波も振動しています。1秒間に何回振動しているのかを表す量が「振動数」あるいは「周波数」と呼ばれているものですが、この本ではもっぱら「振動数」を用います。振動数が一定の場合に出来る波は、波の形（パターン）を崩さずに同じ形を維持したまま進んでいきます（実際の波は広がったりエネルギー消費が起こったりして減衰してしまいますが）。このような波の形は三角関数のサインやコサインが成すカーヴの形をしています（正弦波という）。つまり波には「山」と「谷」が交互に現れます。隣接する山と山の間隔、あるいは谷と谷の間隔は「波長」と呼ばれています。波が速く振動すれば（振動数が大きい）山と山あるいは谷と谷の間隔が狭まり波長は短くなります。このように振動数と波長は一方が増えれば一方は減るというぐあいに反比例（逆比例）の関係になっています。

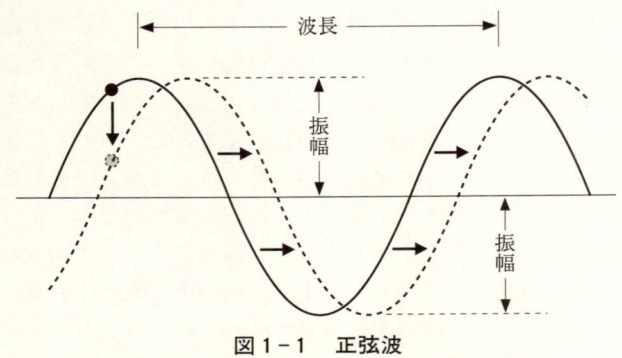

図1−1　正弦波

　波の現象は、はた目で感じるほど簡単な現象ではありません。ピンと張った糸に波が伝播しているようすを頭に描いてください。図1-1では波が左から右へ移動（伝播）しているようすが描かれています。横の直線は波がない時の糸の状態を表しています。波がある時の糸の形は上下に曲がりくねっています。直線状態の糸の位置から上下に測って山の高さ及び谷の深さが定義され、山の高さはプラスの振幅、谷の深さはマイナスの振幅となります。図1-1で糸のある点に墨で黒丸を付けておきます（したがってこの黒丸は糸にくっついています）。波が右へ移動するとこの黒丸も波といっしょに右へ移動するでしょうか？　答えは断固ノーです。図ではわずかに右へ移動した波が点線で描かれています。糸上の黒丸は右に移動するのではなくて縦方向（この場合は下）に移動しています。波は連続的に右へ移動しています。波が移動している最中、この黒丸だけに集中して黒丸を凝視し続けてみると黒丸の位置は上下にのみ振動することが分かります。この黒丸を糸上のどこ

に選んでも全く同じことが起こります。つまり波が移動している間、糸上のどこでも糸を構成している「糸分子」は上下運動の振動を繰り返すのです。これが波の振動というものです。糸そのものが波といっしょに右へ移動しているのではありません。全く同じことが水面上に出来る波についても言えます(水面上の波は糸を伝わる波よりも少し複雑です)。

与えられた波を量的に表すには、その波の振動数、波長、振幅、そして波の伝播速度を数値で指定してやればよいのです。振動数と波長は量子力学を理解する上でなくてはならない物理量です。

いくつもの波が同じ媒質中を同時に伝播すると、波は重なり合い、いわゆる干渉現象が起きます。波は「重ね合わせの原理」(Principle of superposition)に従うためです。しかし波が干渉する場合、波同士が相互作用することはありません。また波はその伝播途中で何か障害物に出くわすと、その障害物の端を通過する際にその進路が曲げられます。これは「波の回折現象」として知られています。

光は電磁波です(つまり波です)。光が小さな穴を通過すると広がってしまうのは光波が穴の端を通過する際に曲げられるためです。これは光の波としての回折現象ということになります。「干渉」も「回折」も波にしか起こらない現象であることをしっかりと頭に入れておいてください。波の干渉現象や回折現象は章を追って説明します。

物体を熱すると光を発する——黒体放射

物体を熱すると熱線が出ます。熱せられた物体に直接さ

わらなくても空間を通して熱を感じることができるという事実からこの熱線を理解することができましょう。熱線は空気がなくとも空間を伝わります。さらに熱を加え続けていって物体がある温度以上になると、今度は光を発するようになります。この熱線や光の正体は「電磁波」なのです。

電磁波は真空を伝わります。電磁波は物質でなく、原子から構成されているものでもありません。電磁波は、電荷を有する粒子や物体が減速・加速を繰り返す、すなわち振動すると、空間に発せられるのです。「電荷」そのものはその究極のレベルでは何であるのかその正体は分かっていませんが、電荷というものはすべての電気磁気現象の源となる物理量です。電荷そのものは物質から離れて存在することはなく、電子や陽子などと称される物質粒子に属しているのです。ヤドカリみたいなものです。電荷にはプラスの電荷とマイナスの電荷の２種類があります。

電磁波は、振動する電荷（例えば電子の振動）から発せられ、電荷を有する粒子や物体と反応しやすく、吸収されたりします。しかし電磁波自身は電荷を有していません。つまり電磁波は電荷を持つ電子や陽子から出来上がっているのではありません。電磁波は物質ではありません。真空の空間が電磁波で充満されていてもその空間は真空なのです！　ということは光も物質ではないということになります。電磁波は「波」である以上、振動数（周波数）や波長によって量的に表すことができます。電磁波はその波長や振動数によって分類され、電磁波の種類には、波長が長い方から短くなる順に（振動数が高くなる順に）、電波、赤外線、可視光線（いわゆる目に感じる光）、紫外線、X線、

ガンマ線などがあります。すべての電磁波はその波長や振動数（周波数）に関係なく光の速さ（秒速30万キロメートル）で空間を伝わっていきます。

　暗黒物質という特別な物質はいざ知らず、この世のすべての物体は膨大な数の原子が寄り集まって構成されています。今さら原子の構造を言うまでもありませんが、個々の原子は3種類の基本粒子から出来ています。すなわち電子、陽子、そして中性子です。電子はマイナスの電荷、陽子はプラスの電荷を有していますが、中性子は電荷を有していません。物体が熱を吸収すると原子が熱振動します。ということは、電荷が熱振動するということになり、この電荷の振動が電磁波を発生するのです。

　熱せられた物体からは、それがどんな物体から出来上がっているにせよ電磁波が発せられることは、かなり以前（1900年以前）から知られていました。ある一定の温度の熱せられた物体からはすべての波長を持つ電磁波が発せられます。このようにすべての波長（すべての振動数）の電磁波を発することのできる物体のことを「完全黒体」と言います。完全黒体はまたすべての波長の電磁波を吸収します。完全黒体は絶対に電磁波を反射することはありません。完全黒体が電磁波を発する現象は「黒体放射」と呼ばれています。

　なぜ「完全黒体」かというと、完全黒体は可視光線を含むすべての電磁波を吸収するからです。物体を見るためにはその物体に光を当ててやらねばなりません。光が物体の表面に当たって跳ね返り（反射し）、その反射光が目に入るためにその物体が見えるわけです。ところが完全黒体は

当てた光全部（振動数にかかわらずすべての電磁波）を完全に吸収し全く反射が起こらないので、人間の目にその物体から何の光（電磁波）も入って来ません。人間の目に全く光が入って来なければ真っ暗やみとなります。つまり、完全黒体の存在する部分は真っ暗やみと同じことになり、結局、真っ黒に見えるわけです。

しかし完全黒体はその温度が周囲の温度よりも高い場合は、すべての電磁波を外に向かって放出します。この時は黒くは見えません。温度が上がっていくと完全黒体の色が変わっていきます。完全黒体が黒く見えるのは電磁波を吸収している時だけです。我が太陽はほぼ完全黒体に近い状態になっていますが、電磁波を放出しているので、黒体であっても黒くは見えていないのです。

ここでは話を簡素化するために、完全黒体から発せられる電磁波の波長が主に可視光線領域にあるような温度での完全黒体を考えます。完全黒体は１つだけ小さな穴のある密閉された箱に置き換えることができます（図１-２参照）。仮に、箱は金属で出来ていて、その内側の壁は真っ白な色に塗られているとします。真っ白であっても箱は密閉されていますから、外からその小さな穴を見ると、穴は真っ黒に見えます。この箱がある一定の温度に保たれてい

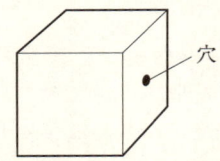

図１-２　完全黒体は１つだけ小さな穴のある密閉した箱に置き換えることができる（穴そのものが完全黒体）

ると、箱の壁から電磁波が発せられます。電磁波は箱の内部であちこちの壁に反射し、いわゆる「定在波」を形成しますが、電磁波はこの小さな穴から外に漏れ出ていきます（この場合「反射」とは、電磁波が内壁に吸収され、また、すぐ壁が電磁波を放出することを意味します）。この穴からすべての波長（振動数）の電磁波が出ていくので、この小さな穴の部分が完全黒体として作用するのです。

さて、この箱の温度がちょうど可視光線を発するような温度であるとします。するとこの穴から色々な波長を持つ光が出てきます。可視光線の波長は「色」として現れます。光が色を持っていることはニュートンによって初めて確かめられました。色鮮やかな虹やプリズムを通して得られる光は赤、橙、黄色、緑、青、紫などの色から成り立っています。それぞれの色は独自の振動数（波長）を有しています。

図1-3を見てください。

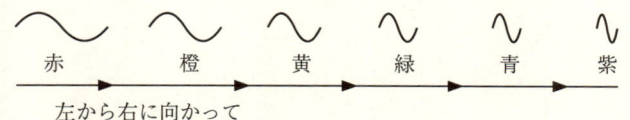

左から右に向かって

振動数（周波数）が高くなる方向
波長が短くなっていく方向

図1-3　光の波長と振動数

実際は隣同士の色の間にもいろいろ違った色があり、色は連続的に変わっていくのですが、色全部を書き入れることはできませんので、代表的な色だけを表示しました。この図から赤色光の振動数（電場、磁場の振動）が最も低い

ことが分かります(ゆっくり振動するため振動数の値が小さい)。これは赤色光の波長が最も長いことを意味しています。また、紫色の光の振動数が最も高く(速く振動するため振動数の値が大きい)、その波長が最も短いのです。結局、光の色は振動数(あるいは波長)によって決定され、それぞれの色はそれぞれの振動数を持っていることになります。すべての色が均等に混じると光は色づかなくなり、いわゆる白色光となります。普通の光は白色光に近くすべての色が混じっています。例えば赤い表紙の色が赤く見えるのは白色光のうち赤い色の成分だけが反射されて目に入り、残りの色は本に吸収されてしまうからです。

箱の小さな穴からは各種の色を持つ光が放出されます。まぶしいくらいの強い光(明るい光)もあれば、非常に弱い光(暗い光)もあります。つまり光には「明るさ(強

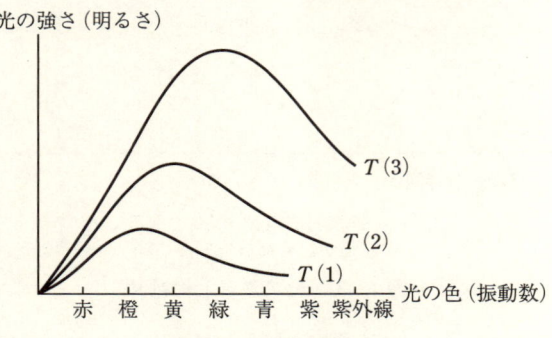

図1-4 黒体放射

図中の$T(1)$、$T(2)$、$T(3)$は完全黒体の温度(絶対温度)を表し、この順に温度は高くなっている。同じ振動数(色)でも温度によってその明るさは異なり、温度が高いほど明るくなる。また、黒体の温度が高くなるほど明るさのピークが振動数の高い方に移動する。

さ)」というものがあるのです。

　完全黒体から発せられる光はその色（波長あるいは振動数）によって「明るさ」あるいは「光の強さ」が異なっています。明るい色の光や暗い色の光が混ざって出てくるのです。また光の色も混ざって出てきます。光の色と明るさの関係は複雑で、例えば黄色い光の方が青い光よりも明るいこともあれば、そうでないこともあります。

　いま完全黒体は可視光線を発するような温度に保たれているとします。そのような完全黒体から発する光の強さと光の色（振動数）との関係を調べてみると図1-4に見られるようなグラフが得られます。

　図1-4は実験データに基づいて作成されたもので、完全黒体がある一定の温度に保たれている場合です。この図から光の色によってその強さ（明るさ）が違うことが分かります。このグラフにはピークがあります。これが最も明るい色に相当します。一定温度の下で完全黒体から発せられる光の明るさが振動数（光の色）によって異なることを示すグラフは黒体放射のグラフと言われています。

　さて、図1-4にはいくつかのグラフがありますが、1つ1つのグラフは完全黒体の温度の違いによるものです。つまり1つのグラフは完全黒体がある一定の温度を保っている場合のグラフです。黒体の温度が$T(1)$、$T(2)$、$T(3)$と高くなっていくほどピークは右にずれていっているのが分かります。つまり温度が高いほど振動数の大きい（すなわち波長の短い）電磁波が発せられているのが分かります。どうしてこのような形のグラフにならねばならないのか？　完全黒体の全域の温度が同じであるにもかかわ

らず、なぜ色の種類（波長）によって明るさが異なるのか？　このようなグラフはどのような物理法則を使えば納得のいくような説明が得られるのか？　つまりこのグラフの理論づけが問題です。

　物体の温度は物体が熱平衡状態にある時にのみ定義されるものです。この場合、物体は熱が逃げないように熱的に外部から隔離（あるいは遮蔽）されているものとします。熱平衡状態にある時はその物体のどの部分も同じ温度になっています。もし物体が部分によって異なる温度になっていると温度の高い部分から低い部分へと熱が流れ、この熱の流れは物体全域の温度が同じになるまで続きます。物体が全域にわたって同じ温度になった状態を熱平衡状態というわけです。すでに熱平衡状態にある物体に熱を注ぎ込み、熱の注入を停止した後そのまま放っておくと新たな熱平衡状態に達し、その温度は当然前よりも高くなっています。したがって図1-4の$T(1)$、$T(2)$、$T(3)$は異なった熱平衡状態における黒体の温度を示します。しかし熱的に隔離されている黒体でも、そこから絶えず外に向かって光を発すると温度が下がってくるので、黒体の温度を一定に保つためには温度が一定になるように絶えず物体に熱を加え続けなければなりません。また逆に、図1-4のようにある物体が発する振動数と明るさのグラフ（1つのグラフ）を実験データから作成することによって、その物体の温度を推測することができます。

　物理学者達がやっきになって（？）黒体放射の理論づけを試みましたが、誰一人満足のいくような理論を生み出すことができませんでした。ここでマックス・プランク

(Max Planck 1858—1947) というドイツの物理学者が登場します。それは19世紀最後の年であった1900年のクリスマス前の出来事でした。

読者の皆さん、誠に申しわけないことなのですが、ここで1つの数式を持ち出さねばなりません。といっても読者の皆さんにその数式を理解してもらうために持ち出すのではありません。その数式というのは、ある物理学者がそれまでに知られていた物理法則を使って黒体放射、つまり図1-4を説明するため導き出した次のような式です。

$$光の強さ = \frac{af^3}{e^{hf/kT}} \qquad (1-1)$$

ここに f は振動数、T は黒体の絶対温度、a は定数を表します。

この式は振動数 f (色)によって光の強さがどのように変化するのかを表す数式です。ところがこの式は振動数の大きい領域では図1-4のグラフと一致したのですが、振動数の小さい領域では全然一致しなかったのです。また他の物理学者が導き出した式は、逆に振動数の小さい領域ではグラフと一致したのですが、振動数の大きい領域ではグラフから大きくずれてしまったのです。

1900年12月、マックス・プランクは（1-1）式を眺めているうちにあることに気がつきました。そして（1-1）式の分母をほんの少しばかり変え、次のように書き直してみたのです。

$$光の強さ = \frac{af^3}{e^{hf/kT}-1} \qquad (1-2)$$

ここで（1－2）式と（1－2）式を比べてみると、2つの式の違いは（1－2）式の分母にマイナス1がついているということだけです。この（1－2）式が図1-4にピッタリと一致したのです。これでめでたしめでたしか？　そうではありませんね。これではただ偶然に一致しただけのことですから。

　プランクはなぜ（1－2）式が黒体放射のグラフに一致するのか、その理論づけを追究したわけです。まず第一のポイントは図1-4にあるグラフは物体（黒体）の温度だけに依存し、その物体が何で出来ているのか（どんな原子で出来ているのか）に全く無関係であるということです。プランクは物体の性質に依存しない何らかの普遍性（自然の法則）が隠されていると感じ取ったことでしょう。理論を追究した結果、実に驚くべきことが現れたのです。どんなことかって？　それを説明する前に少々「エネルギー」についてお話しせねばなりません。

　まず熱線であれ光であれ、およそ電磁波というものはエネルギーを有しています。「エネルギーとは何か？」という問いに答えるのは決して簡単なことではありませんが、後でもう一度エネルギーの定義について話しますから、ここでは取りあえずエネルギーとは物を動かしたり、物に変化を与えたり、あるいは生物に生命を維持させたりする源となるものと言っておきましょう。エネルギーそのものを直接目で見ることはできませんが、エネルギーが多いとか少ないとかいうようにエネルギーには量を想定することができます。

　地球と太陽の間の空間はほとんど真空の状態です。それ

なのに太陽から発した光は地球に届きます。太陽からの光（電磁波）が生物の生存に適した程よい量のエネルギーを地球に運んできてくれるおかげで私達は生存できるのです。これ以上多くても少なくても生存できません。このことからも光（電磁波）はエネルギーを持っていることが分かります。したがって黒体放射によって発せられた電磁波も当然エネルギーを持っています。

　光は明るいほど多くのエネルギーを持っているといえましょう。図1-4に見られるように黒体放射のグラフはさまざまな明るさ（強さ）、さまざまな色を持つ光が混じっています。それぞれの色の光は異なった量のエネルギーを持っていることが分かります。

　プランクの式（1－2）が図1-4のグラフに一致するということは（1－2）式は色による明るさの分布を示すことになります。熱というものはエネルギーの一種（熱エネルギー）です。物体に熱を加えると当然物体はエネルギーを吸収し、その結果物体の温度は上がります。プランクが（1－2）式を発見するまでは、エネルギーというものは連続的に変化するものと固く信じられていました。これは熱を物体に加え続けていくと物体の温度が連続的に上がっていくことから見てもうなずけることです。エネルギーの増減は水の量を加減する時のように連続的に変化するということが常識的に考えられていたのです。

　ところが、黒体放射によって発せられる電磁波の持つエネルギーが連続的に変化すると考えるとプランクの（1－2）式は成り立たないことが分かったのです。いいですか、（1－2）式は実験データによって得られたグラフ

(図1-4)に一致していることを忘れないでください。プランクは(1-2)式を成り立たせるためにはどうしても完全黒体から発する電磁波(光)のエネルギーが飛び飛びに変化しなければならないということに気がついたのです。聞くところによると、これに気づいた時プランクは胸騒ぎがしたそうです。なぜなら電磁波の持つエネルギーが飛び飛びに変化するなどということは前代未聞のことだったのですから。自分は今何かどえらいことを発見したのではないかと感じたことでしょう。

でもエネルギーが飛び飛びに変化するとはどういうことなのでしょうか？ 筆者は現在アメリカに在住していますが、アメリカでは皆さんご存じのように通貨はドルとセントです。100セントが1ドルです。したがって物の値段に5.3セントというものはありません。物の値段も給料もすべて1セントの整数倍になっています。つまりお金は連続的に増減することはなく、例えば15ドル54セントの次は15ドル55セントであって、15ドル54.4セントなどというような値は存在しません。ですからお金は飛び飛びに変化すると言えましょう。黒体放射からの電磁波のエネルギーもお金と同じように、例えば1、2、3、4、5、6、7……のように変化し、中間の2.3とか、5.7などというエネルギーの値は存在しないということなのです。

この結論を出すに当たってプランクは、(1-2)式がどの温度に対しても図1-4のすべてのグラフに一致するためには(1-2)式に"ある定数"がなければならないことに気がつきました。やがてこの定数はプランクの定数と呼ばれるようになったのです。(1-2)式にあるhが

プランクの定数を表します。黒体放射において、緑なら緑というある特定の色を持つ光を考えてみましょう。緑色の光は緑色に相応した振動数（波長）を持っており、さらにそれに相応したエネルギーを持っています。特定の色を持つ光の振動数をfで表すと、この光の持つエネルギーはプランクの定数hと振動数fとの積、すなわちhfとして表されることがプランクによって示されました。これから、光のエネルギーはその振動数に比例し、振動数が高いほど（速く振動するほど）大きくなることが分かります。

しかし決まった振動数fを持つ光（つまり決まった色の光）のエネルギーは飛び飛びに変化するのです。それは、hf、$2hf$、$3hf$、$4hf$、$5hf$、……のような変化で、その間の値、例えば$3.7hf$などのようなエネルギーは存在しません。隣同士のエネルギーの差（最小変化量）はhfです（エネルギーが階段状に変化し、1つのステップがhfと考えたらどうでしょう）。ここでhfというエネルギーをアメリカの通貨の最小単位である1セントに相当すると考えてみます。振動数fが光の色を決定するのですから、1セントに相当する量のエネルギーであるhfは光の色（振動数）によって異なります。1つの光の色が1つの国を表すとすれば、国によって最小通貨単位の値が異なるのと同じように（日本は1円）、光はその色（振動数あるいは波長）によってエネルギーの最小量hfが異なるのです。そのエネルギーの変化の仕方は飛び飛びです。同じ色（同じ振動数の電磁波）でも、$100hf$のエネルギーを持つ光の方が$5hf$のエネルギーを持つ光よりも明るいということになります。

光のエネルギーはその振動数に依存します。特定の色（特定の振動数）をもつ光のエネルギーは不連続に変化しますが、光のエネルギーは色（振動数）によって異なります。振動数（色）は飛び飛びには変化しません。

　黒体の温度が高いということは、黒体がそれだけ多くの熱を吸収していることを意味します。熱はエネルギーの一種ですから、熱い黒体はそれだけ多くのエネルギーを含んでいることになります。熱せられた黒体から発する電磁波の分布図が図 1-4 に示されています。黒体の温度が高くなるほどグラフのピークが右に、つまり振動数の高い方に移動していくということは、黒体から発せられる電磁波（光）のエネルギーが振動数に依存していることを示唆しています。

　このように電磁波（光）のエネルギーは適当な量を取ることはなく、はっきりとした量、つまり 1 つ 2 つあるいは 1 ドル 2 ドルとはっきりと数えられるような量になっているのです。このはっきりと数えられるような量のことを「量子（りょうし）」といいます。完全黒体から発せられる電磁波は「量子」として放出され、特定の色（特定の振動数 f）に対応して $30hf$ とか、$7500hf$ とかの hf の整数倍の量のエネルギーが放出されるのです。$27.87hf$ というような半端なエネルギーが放出されたりすることはありません。また逆に電磁波が物質に吸収される場合はそのエネルギーは「量子」として吸収され、その値は常に hf の整数倍になっています。これを、電磁波エネルギーは「量子化されている」といいます。これが 1900 年のクリスマス前にドイツでマックス・プランクが発見したことでした。「量子力学」

の夜明けです。この後30年足らずの間に、あれよあれよという間に次々と人間の常識を超えるようなことが浮かび上がってきたのです。

　ところで、黒体放射理論の段階では量子は粒子と区別すべきです。この場合の量子とは「光子(こうし)」を意味し、光子は物質粒子ではありません。一般に「粒子」と言った場合、それは質量を持つ物質粒子を表します。光子は質量を持っていません。ただささすがのプランクも光子（photon）というアイデアまではたどり着かなかったようです。光が粒子として振る舞うというアイデアはプランクから出たものではなかったのです。そういうわけでこの節では「光子」という言葉を使うことを極力避けました。

第2章
電子が波であるという証拠はあるのか？

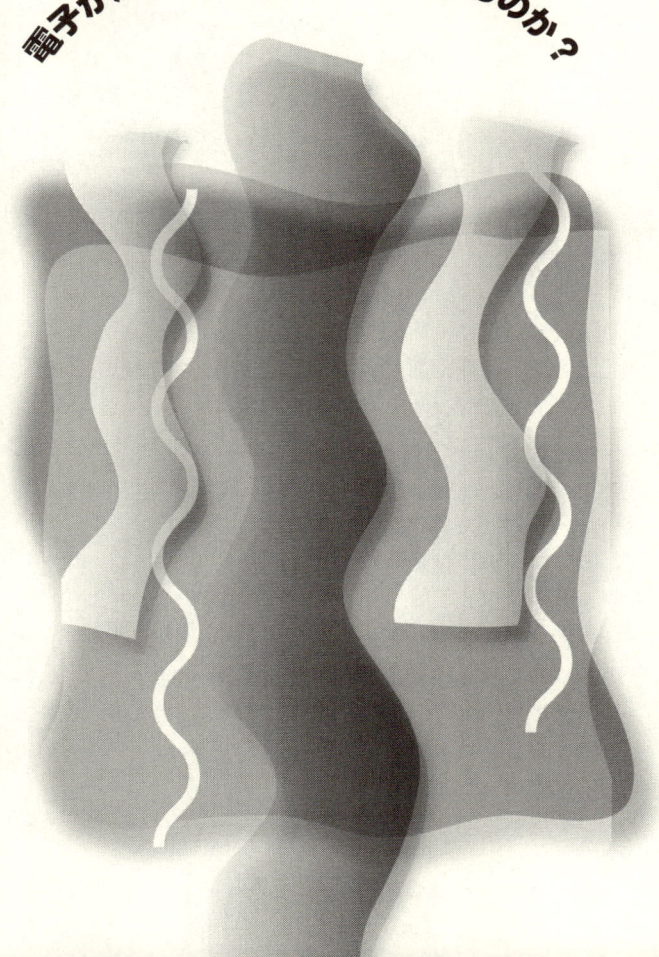

光は電磁波ではなく粒で出来ているのか？

ここで「波とは何か？」をもう一度はっきりさせておきましょう。日常生活で観測される波というものは、まず何らかの媒質（糸、水面、空気など）があって、その媒質の1ヵ所を振動させるとその振動が次々と媒質を伝わっていく現象です。一方、電磁波というものは「電場」と「磁場」の振動（方向の変化と強さの変化）が真空を光の速さで伝わっていく現象です。また波はエネルギーを運びます。

さて皆さん、テレビカメラやビデオカメラがどのように働いているのか疑問に思ったことはありませんか？ テレビ局のスタジオ、あるいは野球場から現時点の像が電波（電磁波）に乗って家庭のテレビに送られてくるなんて不思議といえば不思議です。私自身物理学者のはしくれではあっても不思議に感じる時があります。

1905年、アルバート・アインシュタイン（Albert Einstein 1879−1955）は次の3つの論文を発表しています。
1. 特殊相対性理論
2. ブラウン運動について
3. 光電効果

ここでは3番目の「光電効果」についてお話しします。アインシュタインにはこの光電効果の説明に対してノーベル物理学賞が授与されています。この光電効果こそテレビやビデオカメラ、太陽電池、あるいは光センサーの根本原理をなしているのです。

光電効果を説明する前に、電気や熱をよく通す「金属」

第 2 章 電子が波であるという証拠はあるのか?

についてお話ししなければなりません。金属内には原子の束縛から解放されて自由に動き回れる「自由電子」と称される電子がうようよしています。電子はマイナスの電荷を持つ極微の粒子で、現代物理学では点粒子として扱われています。点の体積はゼロですが、電子がはっきりとした測定可能な質量と電荷を有しているということはわかっています。電線はすべて銅などのような金属から出来ています。したがって電線内には自由電子が大量に存在しています。電線内に電流が流れるのは、その中の自由電子が動いて電荷が電線を通して流れるからです。また熱も自由電子によって運ばれるため、金属は電気のみならず熱もよく通すということになるのです。しかし金属内の自由電子は金属内だけで自由なのであって、金属の外に自ら脱出することはできず、普通の状態では金属内に留まっています(注:トンネル効果によってごくまれに金属の外に飛び出る電子もあります)。

さて、金属板に光を当てると中の自由電子が外に飛び出

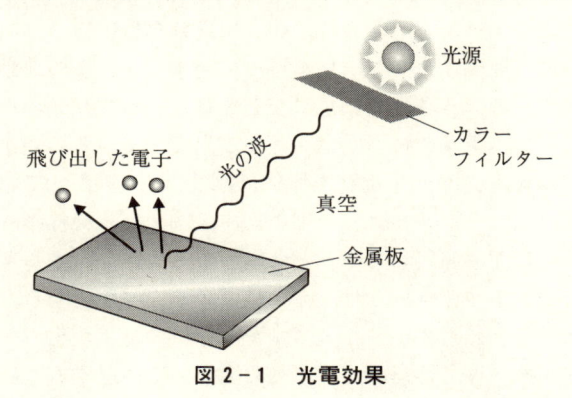

図 2-1　光電効果

す現象が光電効果というものです（図2-1参照）。光電効果の装置の内部は空気分子によって光がじゃまされないように真空になっています。

光（電磁波）はエネルギーを有しているために、光が金属内に入り込み中の自由電子にぶつかると、自由電子は光からエネルギーを受け取ります。するとその自由電子のエネルギーは増加し、勢いを増して運動するようになり、金属の外に飛び出すことが可能になります。

こう説明すると光電効果とは実に簡単に説明がつき、あっさり理解できてしまうという印象を与えますね。読者はきっと、えっ、こんな簡単な説明でアインシュタイン博士はノーベル賞をもらったの？　といぶかるかもしれません。世の中そんなに甘くありません。なぜかって？　それは、光を電磁波として扱うと全く辻褄が合わない、つまり実験結果と大きく矛盾することが分かったからです。

光電効果の実験結果では、まず金属面に光が当たるとほとんど間を与えず瞬時に自由電子が金属表面から出てきます。光によって金属から外に叩き出された自由電子はエネルギー（運動エネルギー）を持っていますが、この運動エネルギーの大きさは光の色に左右される、つまり光の色によって自由電子の持つエネルギーが異なっているのです。特定の色を持つ光を選び出すには図2-1に示されているようにカラーフィルターを用います。例えば、純粋に青い光を金属面に照射してやると金属面から大きなエネルギーを持つ電子が叩き出され、赤い光を金属面に照射すると金属面からきわめて小さなエネルギーを持つ電子が出てくることが分かっていたのです。また金属面に照射する電磁波

の振動数 f がある値以下になると、照射する電磁波をどんなに強くしても1個の自由電子も金属表面から出てきません。逆に振動数の高い電磁波である紫外線を照射すると、その強さがゼロでない限りどんなに弱くても金属表面から電子が出てくるのです。したがって光電効果というものは完全に金属面に照射する光の振動数に（あるいは波長、可視光線の場合は光の色に）左右されるということになります。これらの実験事実は光を波（電磁波）として扱うとどうしても説明がつかなかったのです。なぜでしょう？

　光が金属内に進入すると、その中の自由電子と反応を起こしますが、その電子が進入してきた光（波）から外に飛び出せるほどの十分なエネルギーを受け取るまでには時間がかかります。十分なエネルギーがたまるのに時間が必要なのです。光の振動数がどれほどであっても、また光の明るさがどれほどであっても、電子が外に飛び出るまでには時間がかかります。しかし実際の光電効果においては光が金属に当たると瞬時に電子が飛び出てくるのです。

　さらに、光が波である（電磁波）とすると、金属表面に照射する光を十分明るくしてやれば、光の振動数に関係なく、時間が経てば電子は十分なエネルギーを光から受け取るので、必ず電子が外に飛び出てくるはずです。ですから金属における光電効果は光の明るさに左右されるはずです。ところが実験室で観測される実際の光電効果は、光の明るさではなく光の振動数に左右されるのです。

　もし光が波であるとすると、特定の振動数（特定の色）を持つ光が電子にぶつかり、光は少しずつ徐々に連続的に電子にエネルギーを与え、電子のもらうエネルギーも徐々

に連続的に増えていくことになり、ある程度のエネルギーになると電子は金属面の外に出るということになるはずなのですが、これは、光が電子に当たった瞬間に電子が光に弾き飛ばされるという実験事実と合いません。この、エネルギーが徐々に連続的に変化するという説明はプランクの「飛び飛びのエネルギー変化」と合致しないのです。光は電子に少しずつ徐々に連続的にエネルギーを与えるような「ケチ」ではありません。光は気前よく一挙に、瞬間的にエネルギーを電子に与えるのですが、波はケチなのでこんなことを起こさないのです。

2つの玉突きボール(ビリヤードボール)を考えてみましょう。静止している1つのボールにもう1つのボールが正面衝突したとします(弾性衝突)。ぶつかってくるボールは運動エネルギーを持っていますが、静止しているボールは運動エネルギーを持っていません。正面衝突が起きた瞬間、ぶつかってくるボールはほとんど瞬間的に静止しているボールにその運動エネルギー全部を与えてしまいます。その結果、ぶつかってきたボールは止まってしまい、静止していたボールはぶつかってきたボールと同じ運動エネルギー(同じスピード)でそこから飛び出していきます。光電効果はこの2つのボールの衝突現象に似ているのかも知れません。つまり光が電子にぶつかるときには、波としてぶつかるのではなく「粒子」としてぶつかり、光の持つエネルギーが瞬間的に電子に引き渡されると考えると辻褄の合う説明になります(図2-2)。

そこでアインシュタインは、プランクの量子化された電磁波エネルギーからヒントを得て、光は波ではなく粒子と

して金属内の電子と反応を起こしている、と解釈したのです。アインシュタインによれば、特定の色（特定の振動数 f）を持つ光が粒子として電子と反応を起こす場合、その光の持つエネルギーは hf として表されます。光の粒子は「光量子」と呼ばれましたが、現在では「光子」（また英語の「フォトン」）と呼ばれています。もともと電磁波は物質粒子から出来ているのではなく、また電荷を有していませんから、光子という粒子は質量も電荷も持っていません。またその大きさも知りようがありません。つまり光子は重さのない電気的に中性な粒子なのです。しかし、常に光速度で走っているため、エネルギーと運動量を持ってい

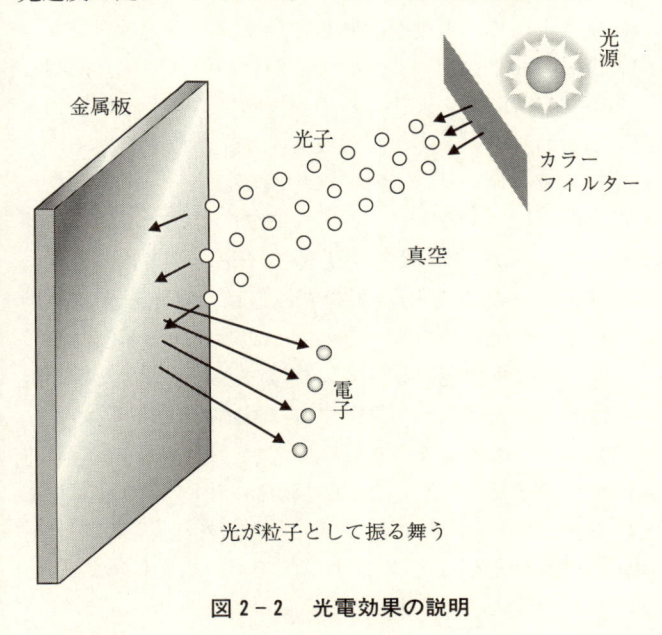

光が粒子として振る舞う

図 2-2 光電効果の説明

ます。そうです、光子は質量がなくとも運動量を持っているのです。

光子の運動量とは光子が他の粒子と衝突した際にその粒子を弾き飛ばす能力です。光子は絶えず光の速さ（真空空間では秒速30万キロメートル）で走っています。アインシュタインは振動数fである光が光子として振る舞う時は光子1個の持つエネルギーはhfであるとしたのです。ここでhはもちろんプランクの定数です。つまり光子の持つエネルギーhfは振動数が高いほど大きくなります。

光の振動といっても、光子自身が振動する現象ではありません。振動はあくまでも波の現象で、光（電磁波）の場合は電場と磁場の振動を意味しています。電場も磁場も方向を持っており、その2つの強さが時間的に変化し同時にその方向も時間的に変化するのが振動であり、この振動が空間を伝わっていくのが電磁波です。光が粒子（光子）として振る舞う時の光子1個の持つエネルギーがhfすなわち振動数に比例するということなのです（ここが大変微妙な点なのですが、これがまさしくアインシュタインの偉大なる発見だったのです）。可視光線（目に見える光）の場合、振動数が光の色を決めるということは光子1個の持つエネルギーは光の色によって異なることを意味します。紫の光は赤い光よりも速く振動する（振動数が高い）ので赤色の光よりもエネルギーが高いのです。目に見えない紫外線は紫色の光よりももっと振動数が高いのでそのエネルギーはさらに大きく、したがって大量の紫外線を浴びると生物体の細胞は遺伝子を傷つけられてガン細胞に変容したり、あるいは死に至ります。

第2章 電子が波であるという証拠はあるのか？

さて、1個の光子が金属内に進入すると、その中の1個の自由電子にぶつかります。ここでは電子は粒子、光子も粒子、したがって粒子同士の衝突現象となります。この衝突で電子は光子によって弾き飛ばされ一挙に金属表面から外に叩き出されるので、光電効果は瞬時に起こることになり、実験結果と一致します。ところがこの衝突現象は、単に2つの粒子がぶつかり合う現象とは異なります。なぜなら、金属内の自由電子と衝突を起こし、電子が外に叩き出されると光子は消滅してしまうからです。光子は質量も電荷も持っていませんがエネルギーと運動量を持っています。電子と衝突すると、光子が持っているエネルギーは電子を外にはじき出すために全部使われてしまい、光子は跡形もなく消え失せてしまうのです（注：後に詳しく説明しますが、光子と電子との衝突現象にコンプトン散乱という現象があります。この場合は光子は消滅しません）。

しかし光子が金属内に入り込んで自由電子にぶつかっても、もし光子の持つエネルギーや運動量が十分でないと、電子を金属の外に弾き飛ばすことはできず、したがってこの場合光電効果は起こりません。電子は金属内に閉じ込められているわけですから、金属に束縛されていることになります。電子を金属の外に叩き出すためには、電子にこの「束縛エネルギー」以上のエネルギーを与えなくてはなりません。光子1個の持つエネルギーはhfで振動数fのみによって決定されますから、振動数がある値以下の場合、光子のエネルギーは小さく（束縛エネルギー以下）、電子と衝突を起こしても電子を金属の外に叩き出すことはできないというわけです。もし金属に入って来る光子の振動数

が高く、したがってそのエネルギーが電子1個を金属の外に弾き出す最小のエネルギー以上の場合には、電子は余分のエネルギーを光子から受け取ることになるので、これは外に叩き出された電子の運動エネルギーとして現れます。したがって衝突する光子の振動数 f が高いほど叩き出された電子の持つ運動エネルギーは大きくなります。明らかに光電効果は入って来る光の振動数（光の色）に左右されることになり、実験結果と一致します。

　では光の明るさ（光の強度）は光電効果にどのような影響を及ぼすのでしょうか？　光を光子の集まりと考えると光の明るさは「光子の数」によって表されるのです。明るい光ほど光子の数が多く、暗い光ほど光子の数が少ないのです。光子1個が金属内の電子1個と衝突を起こすとすると（1対1の反応）、光子の数が多いほど、つまり明るい光ほど多くの電子を金属の外に弾き出します。金属面に当たった光子全部が光電効果を起こすとは限りませんが、仮に全部が起こすと仮定すると、100個の光子は100個の電子を、10000個の光子は10000個の電子を外に叩き出します。

　こうして光電効果が起こる場合、金属内に入ってきた光子の持つエネルギーは全部光電効果を引き起こすのに費やされてしまいます。これは見方を変えれば、光子の消滅反応です。光は物質に当たると跳ね返る、これが光の反射ということなのですが、光電効果では光が金属に当たると跳ね返るのではなく完全に吸収されて、その代わり電子が飛び出てくるのです。この光電効果の説明により1921年、アインシュタインにノーベル物理学賞が授与されたのです。

　エネルギーを E で表すと光子1個の持つエネルギーは次

のようになります。

$$E = hf \qquad (2-1)$$

ここに f は振動数で h はプランクの定数です。この式は「アインシュタインの関係式」と呼ばれています。

ここで注意しておきたいことがあります。振動数の決まっている光（特定の色の光）の強さ（明るさ）は光子の数によって決まることはすでに話しました。同じ色の光であっても、10000個の光子を持つ光は10個の光子を持つ光よりも明るいわけです。明暗の差はあってもどちらの光も色は同じということです。さらに（2－1）式は1個の光子の持つエネルギーを表すのですから、10000個の光子を持つ光のエネルギーは $10000hf$ となり、10個の光子を持つ光のエネルギーは $10hf$ となるために、光子の個数が多い光ほどその光のエネルギーも大きくなります（しかし光の色は変わらない）。だからこそ光子の数が多い光ほど明るくなるわけです。

ここで26ページの図1-4（黒体放射のグラフ）に戻ってみます。縦軸は明るさ、つまり光子の数を表しています。したがって、それぞれの温度で発せられる光において、ピークに相当する振動数を持つ光子の数が最も多いことになります。

さてこれだけ光電効果の話をしたのですから、テレビカメラとかビデオカメラなどは光電効果の応用であることをお話ししましょう。一般に電流とは金属内を流れる自由電子の流れを意味します。電子は電荷を有しているために電

荷の流れとなり、電流となるのです。普通のカメラではレンズを通してフィルム上に像が出来ます。このフィルムを光電効果が起こりやすいように細工された金属板に置き換えてみたらどうでしょう。金属板にカラーの像が結ばれます。光電効果は光の色に左右されることはお話ししましたね。色の違いによって金属板から叩き出された電子のエネルギーは異なっています。この光電効果によって得られた多数の電子をある装置によって電流に変えてしまうのです。そうするとレンズによって金属板に結ばれた像は電気信号に変えることができるわけです。この電気信号を電波に乗せてやることは簡単です。実際のテレビカメラやビデオカメラはもっと複雑に出来ていますが、その根本原理は光電効果に基づいているのです。テレビはカメラと全く逆の行程になっています。つまり像の情報を含んでいる電気信号を光の信号に変えることによって画像が得られるわけです。このような装置がテレビというものです。

　私たちの「目が見える」のも、外界から目に入った光子が網膜と反応を起こすからです。光子が網膜の原子あるいは分子と作用することによって電気信号が発せられ、その電気信号が脳に伝えられて「見える」ということになるのです。まさに光子のなせる業です。

コンプトン散乱

　いかなる物体も膨大な数の原子が寄り集まって構成されていることはご存じのことと思います。原子1個の大きさは1億分の1センチメートル程ですが、そんなに小さくとも原子は構造を持っており、その中心にはプラスに帯電し

た原子核があって、周りをマイナスの電荷を持つ幾つかの電子が回っています（軌道電子）。すでに紹介しましたようにレントゲン撮影に使われるＸ線（エックス線）は振動数 f のきわめて高い電磁波です。したがって光と同じくＸ線も粒子（光子）として振る舞います。これをＸ線光子と呼びます。（２−１）式によって、Ｘ線の振動数 f が高い（大きい）ということはＸ線光子の持つエネルギーはきわめて大きいということになります。Ｘ線が原子の軌道電子にぶつかるとＸ線光子は電子を弾き飛ばします（注：これを起こすようなＸ線はレントゲン撮影に使われるＸ線よりも高い振動数、つまり大きなエネルギーを持っていなければなりません）。この軌道電子はプラス電荷とマイナス電荷の間の電気引力によって原子核に束縛されていますが、この束縛力はＸ線の持つエネルギーに比べると、無視できるくらいにきわめて小さいので、軌道電子は全く束縛を受けていない単独に存在する自由電子とみなされます。ただし、金属内の自由電子とは異なります。金属内の自由電子はあくまでも金属内でのみ自由なのであって、光電効果のように外部からエネルギーが加わらない限り金属の外に出ることはできないのですから、自由電子とはいうものの金属内に閉じ込められているわけです。しかし今考えているのは全くの自由電子であって、何にも閉じ込められていない電子をさします。このような本当に自由である電子にＸ線光子が衝突するとどうなるのでしょうか？　光電効果が起こるのでしょうか？

　光電効果は光子が金属内に閉じ込められている電子を外に叩き出す現象ですから、光子は電子を金属内に閉じ込め

ておくのに最小限必要な束縛エネルギー以上のエネルギーを持っていない限り、その電子を外に叩き出すことはできません。もし金属に入って来る光子が束縛エネルギー以上のエネルギーを持っていても、そのすべてを電子を外に叩き出すのに費やし（叩き出された電子の運動エネルギーも含む）、光子は消滅してしまいます。一方、電子が全く自由で何からも束縛されていないとすると、2つのビリヤードボールの衝突と同じように、電子に衝突した後も光子は消滅することはありません。束縛から解放してやるために費やすエネルギーがなくてすむからです。

X線光子が原子の軌道電子にぶつかる場合、軌道電子が原子核から受ける束縛エネルギーはX線の持つエネルギーよりも遥かに小さいために、X線光子は全くの自由電子と衝突を起こすのと同じことになります。ずいぶんと乱暴な例ですが、時速150キロメートルで走っている車が時速2キロメートルで走っている車に衝突する場合、時速2キロメートルで走っている車はほとんど静止していると考えられるのと同じことです。

したがってこの場合、原子の軌道電子は自由でかつ静止しているとみなされます。すると衝突の際にX線光子は電子を瞬時に弾き飛ばし、X線光子は消滅することなく電子によってある方向に散乱されます（図2-3参照）。

しかし衝突の際にX線光子は電子にエネルギーと運動量を同時に与えるので、衝突後のX線光子はその分エネルギーと運動量が減少してしまいます。（2－1）式によれば光子のエネルギーが減少するということはその振動数 f が減少することを意味しますから、衝突後のX線光子はその

第2章 電子が波であるという証拠はあるのか？

振動数が減少することになります。これは波長が長くなることでもあります。これがコンプトン散乱の概要です。コンプトンはアーサー・コンプトン（Arthur Compton 1892—1962）という物理学者の名前です。

学生時代に初めてこのコンプトン散乱にお目にかかった時、私は「それがどうした？ だから何だ？」と思ったものです。皆さんもそう思いませんか？ なのにコンプトンはこれで1927年にノーベル物理学賞を受賞しています。そんなに価値ある発見だったのでしょうか？

コンプトンは1922年、コンプトン散乱を説明するのにアインシュタインの式 $E=hf$ を使い、「エネルギー保存の法則」と「運動量保存の法則」を用いてコンプトン散乱式という数式を導きました。そしてこの数式は実験とほとんど

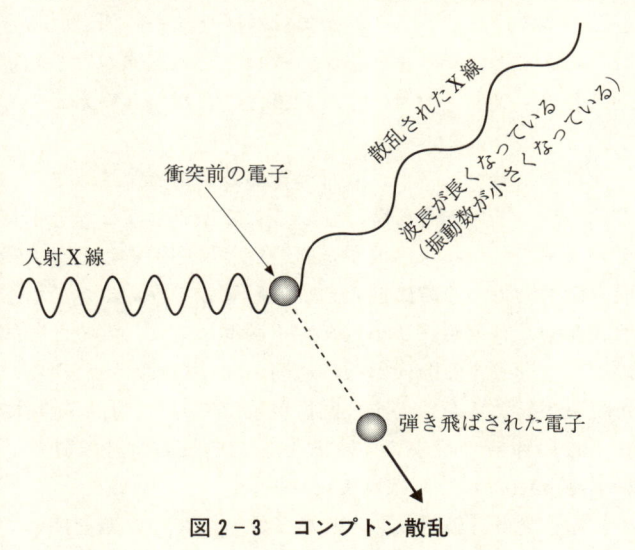

図2-3　コンプトン散乱

ピッタリ一致したのです。これはまず$E = hf$という式の正しさを証明し、たとえX線という振動数の大きい（波長の短い）電磁波でも粒子として振る舞うことを駄目押し的に証明したことになります。エネルギー保存の法則も運動量保存の法則も自然の法則ですが、当時これらの法則が電子とか原子とかといったような極微の世界でも果たして成り立っているのかどうか実験的に確かめられてはいませんでした。コンプトン散乱式が実験と一致したということはこれらの保存則が極微の世界でもちゃんと成り立っていることを証明したことになるのです。

ところで振動数fは波の状態を表すものであって粒子の状態を表すものではありません。なのに$E = hf$は粒子（光子）の持つエネルギーを表します。ここが大変微妙なところです。プランクの定数hは粒子と波を関係づける定数ということになりましょう。そしてこの関係づけが光電効果とコンプトン散乱によって裏付けられたといえるのです。

光電効果もコンプトン散乱も電磁波が物質粒子（電子）とぶつかって反応する時は粒子として振る舞うことを示しています。しかし電磁波が全く物質と反応することなく空間を伝播している時は波として振る舞っていることでしょう。なぜなら電磁波が小さな穴を通過したり、尖った物体の近くを通過する際にはその道筋が曲げられ、いわゆる回折現象が起こるからです。回折現象は波でなければ絶対に起こらぬ独特の現象です。波としての性質は「波動性」(wave nature) と呼ばれています。

結局、光は「波動性」と「粒子性」の2つの顔を持って

いることになるのですが、2つの性質はお互いに似ても似つかぬほど異なっています。しかし光といえど波動性と粒子性を同時に現すことはありません。光が波動性を現す時は徹底的に100パーセント波となり、粒子性を現す時は徹底的に100パーセント粒子になっています。

すでに述べましたがアインシュタインの式（2−1）は光が粒子（光子）として振る舞う時、光子1個の持つエネルギーを表すものですが、エネルギーEは「粒子性」を表し、振動数fは「波動性」を表します。したがってこの式は粒子性と波動性との関係を表す式となりますが、その橋渡し役をしているのがプランクの定数hです。でもここのところが大変分かりにくい！　量子力学がほぼ確立されてから「場の量子論」という理論が出てきました（243ページ参照）。電場と磁場の振動が空間を伝わるのが電磁波なのですが、この電磁波を「量子化する」と光子が現れるのです。光子は場の量子論によってみごとに説明されるのですが、アインシュタインは理論が出る前に「光子」というアイデアを出してしまったわけで、さすがアインシュタインです。

原子の中はどうなっているのか

時代が少々前後しますが、1903年、日本の長岡半太郎博士（1865—1950）は、原子の中心にはプラスに帯電した原子核があり、その周りを幾つかの電子が回っていて、そのようすはちょうど土星の輪のようになっているという、いわゆる原子の「長岡モデル」を発表しています。さらにその8年後には、イギリスのアーネスト・ラザフォード

(Ernest Rutherford 1871—1937) が、原子の中心に原子核があるということを実験的に確かめています。

電子が原子核の周りを回っていられるのは、電子の持つマイナス電荷と原子核の持つプラスの電荷との間に電気引力が働いているためです。ところで当時、電荷を持つ粒子の速度が変化すると（減速あるいは加速されると）電磁波が発せられることはすでに知られていました。放送局のアンテナ内では多数の電子が往復運動を繰り返しています。往復するためには電子の速度がしょっちゅう変化し加速と減速を繰り返さねばなりません。アンテナ内では電荷（電子）が加速と減速を繰り返しているので電子たちは電磁波を空間に発するのです。

速度というのはベクトル量で運動の方向も含まれています。したがって粒子のスピードそのものが変化しなくても、運動方向が変化すると（つまり方向が曲がると）粒子の速度は変化することになります。原子核の周りを回っている電子の運動方向は絶えず曲げられていることになるので電子の速度は絶えず変化することになります。すると電子は原子核の周りを回りながら絶えず電磁波を放出することになるのです。

ところが電磁波はエネルギーを持っているので、原子核の周りを軌道運動している電子は電磁波を放出することによって絶えずエネルギーを失うことになります。つまり電子は絶えずエネルギーを失いながら原子核の周りを回っていることになります。そうすると電子は定まった軌道を回ることができなくなり、軌道の大きさ（軌道半径）がだんだん小さくなっていくはずです。軌道が小さくなって原子

第2章 電子が波であるという証拠はあるのか？

核に近づいていくほど電子のスピードはますます大きくなって、ますます電磁波を放つようになります。結局、電子は螺旋(らせん)運動しながらあっという間に原子核にぶつかってしまいます。この間、約1億分の1秒！　つまり原子はあっと言う間もなくつぶれてしまうということです。とすると、電子は安定して定まった軌道の上を回ることが不可能ということになります。月が地球の周りを安定して回っていられるのは、月の正味の電荷がゼロであるために電磁波を発することがないからです（注：月は重力波を発しますがそれはきわめて微々たるものです。そのために現在なお重力波は検出されていません）。

　このように、電子は原子核の周りを安定して回っていられないはずだということが分かりました。しかし実際は原子は決してつぶれることなどありません。理論と事実が全く合わない！　困ったことになりましたね。困ったのはこれだけではありませんでした。原子から光が発せられることはすでに知られていましたが、光を発しても原子はつぶれてしまうことはなく、赤とか黄色とか特定の色の光を発します。これも説明できなかったのです。

　ここに来て救世主・デンマークの物理学者ニールス・ボーア（Niels Bohr 1885—1962）が現れたのです。ボーアは原子の中で最も簡単な構造を持つ水素原子の電子の軌道について、その理論的解明にしばし時間を費やしました。水素原子はその原子核が陽子と呼ばれるプラスに帯電する粒子であり、その周りを電子1個が回っています。ボーアによると、電子の軌道は1つだけではなく、幾つもの軌道があり、電子はその中の1つの軌道上を回っているという

のです（図 2 - 4 参照）。さらにボーアは、電子がどの軌道でもよいが、1 つの軌道上を走っている限り決して電磁波を発しない、と言ったのです。しかし、なぜ電磁波を発しないのか説明を与えることはできませんでした。なぜ電磁波を発しないのかと問われた時ボーアは次のようにあっさりと答えたそうです。

"Because it does not!"

ボーアはなぜ 1 個の電子に対してたくさんの軌道を考えたのでしょう？ プランクの黒体放射理論に目をつけたのではないでしょうか。完全黒体から発せられるエネルギーは飛び飛びにしか変化しないというあの「飛び飛びのエネルギー」です。水素原子の持つエネルギーもきっと飛び飛びにしか変化しないのだろうと考えたことと思います。

ボーアの理論によると、電子が内側軌道を回るよりも外側の軌道を回るほど水素原子は大きなエネルギーを持つことになります。したがって電子が最も内側の軌道を回っている時、水素原子は最もエネルギーの低い状態にあることになります。この場合の水素原子のエネルギーとは、電子の持つ運動エネルギーと水素原子のポテンシャル・エネルギーとの和を意味します。

水素原子の場合、陽子の有無にかかわらず電子は単独に運動エネルギーを持つといえますが、電子が単独にポテンシャル・エネルギーを持つとはいえません。なぜならこの場合のポテンシャル・エネルギーとは陽子と電子の相互作用に由来するエネルギーであって、いわば陽子と電子との反応エネルギーを表します。つまり電子と陽子の間に働く電気引力によるエネルギーです。ですからこの場合のポテ

ンシャル・エネルギーは陽子を抜きにしては考えられず、電子と陽子を両方同時に考慮する必要があります。したがって電子のポテンシャル・エネルギーとはいえず、陽子と電子をいっしょにしたつまり水素原子のポテンシャル・エネルギーというべきです。したがって水素原子全体のエネルギーは電子の持つ運動エネルギーと水素原子のポテンシャル・エネルギーとの和となるわけです。決して電子のポテンシャル・エネルギーと言ってはなりません。

ボーアの水素原子モデルでは電子の軌道はその最も内側の軌道から順に、$n=1$、$n=2$、$n=3$、$n=4$、のように呼ばれ(図2-4参照)、nは量子数と呼ばれています。電子が外側の大きな軌道を占めるほど水素原子のエネ

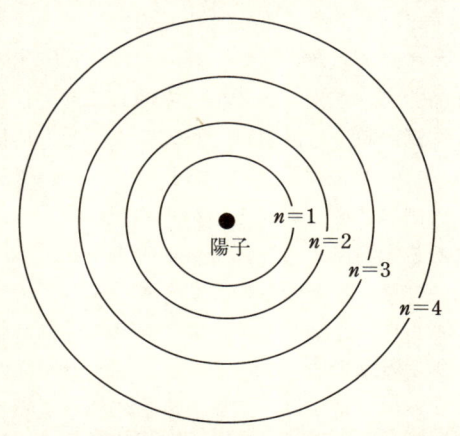

図2-4 ボーアの水素原子(電子はどれか1つの軌道を回る)
水素原子は決して平らではなく、むしろ球形をなしているが、便宜上このように描かれている。外側軌道にいくほど軌道間の間隔は広くなっていく。一方、軌道間のエネルギー差は、外側軌道へいくほど小さくなっていく。137ページの図4-4参照。

ルギーは大きくなります。図2-4に設定された以外には軌道はなく、例えば、$n=2$と$n=3$の軌道の間には軌道はありません。

ボーアがこのような電子軌道を導き出した背景には「角運動量の量子化」がありますが、詳しい理論はややこしいので割愛させていただきます。とにかく、電子の軌道をこのように設定すると水素原子の持つエネルギーは飛び飛びにしか変化できなくなります。

さて、坂の麓においてあるボールを蹴るとボールは坂を登っていき、坂の途中のある場所で止まりますが、そこでじっとしていることはなく、すぐ転げ落ちます。それは高い所ほど位置エネルギー（ポテンシャル・エネルギー）が高く不安定であるため最も安定な元の麓に戻ろうとするからです。エネルギーが大きい（高い）ほど不安定で低いほど安定なのです。水素原子の場合も同じことで、電子がnの大きな外側の軌道にあるほど不安定で、最も内側の軌道（$n=1$）にある時が最も安定です。したがって通常、電子は最も内側の軌道（$n=1$）を占めています。最も安定な状態にある水素原子に外部から他の電子をぶつけたり、光子をぶつけたりして余分のエネルギーを与えてやると、電子はエネルギーを吸収して、nの大きな外側に軌道遷移します。すると水素原子のエネルギーは大きくなり不安定な状態となるので電子はいつまでもその軌道に留まることはできず、もっと安定なnの小さい内側の軌道に移ろうとします。

例えば、電子が$n=3$の軌道にあるとします。すると電子はもっと安定な軌道に移ろうとしますが、この場合最も

第2章 電子が波であるという証拠はあるのか？

安定な軌道（最も内側の軌道 $n=1$）に一度で移るとは限らず、次のように何段階かを経て最後に $n=1$ の軌道に落ち着くこともあります。

$$n=3 \quad \rightarrow \quad n=2 \quad \rightarrow \quad n=1 \quad \text{（2回の遷移）}$$
$$n=3 \quad \rightarrow \quad n=1 \quad \quad\quad\quad\quad \text{（1回の遷移）}$$

しかし電子は n の大きな軌道を占めるほどエネルギーが高くなりますから、その軌道を下げるためには、エネルギーを減少させなければなりません。さもないと「エネルギー保存の法則」を破ることになります。では電子が外側軌道から内側軌道に移る際、どのようにしてエネルギーを失うのでしょうか？　簡単です。エネルギーを外に吐き出せばよいのです。でも吐き出されたエネルギーの正体は？ これに答えるために、電子が $n=3$ の軌道から $n=2$ の軌道に遷移する時のことを考えてみます。

電子が $n=3$ の軌道にある時のエネルギーを $E(3)$ とし、電子が $n=2$ の軌道にある時のエネルギーを $E(2)$ としましょう。$E(3)$ の値は $E(2)$ の値よりも大きくなっています。つまり、$E(3)>E(2)$ です。電子が $n=3$ から $n=2$ に移る時、電子はこの2つの軌道のエネルギーの差 $E(3)-E(2)$ を外に吐き出さねばなりません。この吐き出されたエネルギーは光子として現れます。つまり、電子が外側軌道から内側軌道に遷移する際、1個の光子が放出されるのです。この場合、電子の失ったエネルギーが放出された光子によって運ばれていきます。アインシュタインの式（2−1）によって光子の持つエネルギーは hf で表

されますから、原子から放出された光子の持つエネルギーは次のように表されます。

$$E(3) - E(2) = hf \qquad (2-2)$$

結局、放出された光子のエネルギーは電子が2つの軌道を遷移した際のエネルギー差によって決定されます。この式でhはプランクの定数で一定値ですから、放出された光子の振動数fは軌道間のエネルギー差に依存することになります。

次に、電子が$n=6$の軌道から$n=2$の軌道に遷移した場合を考えてみましょう。電子が$n=6$の軌道を占めている時のエネルギーは$n=3$の場合よりもさらに大きく、したがってそのエネルギー$E(6)$は$E(3)$より大きく、$n=6$から$n=2$へ軌道移動する場合はエネルギー差が（2－2）式よりも大きくなっています。ですから放出された光子のエネルギーも大きくなります。

$$E(6) - E(2) = hf \qquad (2-3)$$

繰り返しますがhはプランクの定数で絶対に変化しませんから、この遷移から放出された光子のエネルギーが大きいということはその振動数fも大きいということになります。つまり（2－2）式の振動数fよりも（2－3）式の振動数fの方が大きいということです。ここで振動数fは光の色を決定するということを思い出してください。つまり、軌道$n=3$から$n=2$へ遷移する時に放出される光の

第2章 電子が波であるという証拠はあるのか？

色と軌道 $n=6$ から $n=2$ へ遷移する時に放出される光の色は違うということになります。

電子が外側軌道から内側軌道に移ることを「量子飛躍」(quantum leap) といいます。量子飛躍が起こるためには電子が $n=1$ の軌道よりも外側の軌道を占めていなければなりません。外部から何らかの刺激を与えない限り、水素原子の電子はその最も安定な状態（エネルギーが最も低い状態）を占めています。ですから水素原子から光を出させるためには外部からエネルギーを補給しなければならないのです。これは「エネルギー保存の法則」に適っていることです。

水素ガスの入っているガラス管に高電圧をかけると、水素ガスは光を発します。普通の状態では水素ガスは水素分子（水素原子が2つ結び付けられて1つの水素分子をなす）で出来ていますが、高電圧をかけると水素分子は2つの水素原子に分離します。高電圧からエネルギーをもらい受けた水素原子はそのエネルギーが上がります。ここではガスを考えているわけですが、ガスには多数の水素原子があります。各々の水素原子において、電子がどの軌道を占めているのかはまちまちです。電子が $n=6$ の軌道を占めている原子、$n=5$ の軌道を占めている原子、$n=4$ の軌道を占めている原子、……。これらの軌道はすべて $n=1$ の軌道よりも外側にあるためエネルギーは高く、したがって不安定でより内側の軌道に遷移（量子飛躍）します。そして、それぞれの遷移の際に光子を発します。放出された光子のエネルギーの値は遷移によって異なり、（2－2）式や（2－3）式に表されているように異なった振動数 f

(異なった色)を持っています。つまりいろんな色の光が水素ガスから放出されることになるのです。

この水素ガスを真っ暗な暗室に置いておきましょう。高電圧をかけても、遷移が起こらない限り暗室はまだ真っ暗です。しかし電子の軌道間の遷移が起こった瞬間、明るくなります。いいですか、遷移が起こる直前までこの暗室には光子は1つも存在していなかったのですよ。これは正に「光の創生」ではありませんか。つまり「無」から光が発生したということです。正確には軌道間のエネルギーが光に変換されたということになります。

以上が、ボーアの水素原子モデルの概要です。ボーアの水素原子の理論は1913年に発表されています。水素原子の電子を徹底的に粒子として扱ったために彼の理論は完全ではありませんでしたが、電子が高い軌道から低い軌道に遷移する際に光子を発するというアイデアは今日でも生きており、これによりボーアは1922年、ノーベル物理学賞を受賞しています。

電子も波か？

アインシュタインによって、光(電磁波という波)は電子などのように電荷を持った粒子(荷電粒子という)と相互作用する時は粒子(光子)として振る舞うことが分かりました(光の粒子説)。この場合の粒子、すなわち光子は質量も電荷も持たず、真空中を走る時は常に光速度で走っています。しかし波が粒子として振る舞うのなら逆に電子などのようにハッキリとした質量を持つ粒子は波として振る舞うことはないのでしょうか？

第2章 電子が波であるという証拠はあるのか？

このような疑問はフランス人ド・ブローイ（Louis de Broglie 1892—1987）によって投げかけられました。ド・ブローイはパリ大学（ソルボンヌ大学）で当時物理学の博士課程に在籍していましたが、1923年31歳の時、はっきりとした質量を持つ粒子が波として振る舞う時、その波長はその粒子の持つ運動量によって決定されるという論文を発表したのです。波長は波の性質を表し、運動量は粒子としての性質を表します。ド・ブローイは波長と運動量の関係式を導き出したのです。でも粒子の持つ運動量って、いったい何を意味するのでしょう？

今年で滞米生活が38年にもなるというのに私はアメリカンフットボールにはいまだになじむことができませんが、それでもフットボール・シーズンになると時たま（止むを得ず）フットボールの試合を見ることがあります。ボールを持って走っている選手をその敵であるもう1人の選手が必死に追いかけてドシーンと強烈に体当たりする光景をしょっちゅう目にします。体当たりされた選手はその反動ですっ飛ばされてしまいます。しかし、選手があばら骨を折ったり脳障害を被ったりするようなことはめったに起きません。ほとんどの場合、すっ飛ばされた選手は衝撃を感じるでしょうが無傷です。すぐにも起き上がって再び走り出します。このように相手を無傷のまますっ飛ばす能力のことを運動量（momentum）というのです。体重がある選手ほど（質量の大きい選手ほど）相手をすっ飛ばす能力が大きくなることは容易にうなずけるでしょう。また速く走るほど相手をすっ飛ばす能力が大きくなることもうなずけるでしょう。衝突によって相手をすっ飛ばす能力、すなわ

ち選手の持つ運動量は、その質量が大きければ大きいほど、またその速度（velocity）が大きければ大きいほど、大きくなります。したがって走っている選手の持つ運動量はその選手の質量と速度の積（掛け合わせ）によって表されます。何もフットボールの選手だけではなくどんな物体でも、走っている限り他の物体と衝突した際にその物体を無傷のまま弾き飛ばす能力を持っており、これも運動量として表されます。ただし相手にぶつかった物体も衝突後は相手の物体によって弾き返されます。全く同じことが粒子についても言えるのです。

今、粒子の質量をmで表し（mキログラム）、またその速度をv（秒速vメートル）で表すと、その粒子の持つ運動量はmvとして表されるのです。速度vは必ず方向を持っているために運動量mvも速度と同じ方向を持つことになり、したがって運動量もベクトル量となります。なぜだか理由は分かりませんが運動量にはアルファベットのpを用い

運動量　　$p = mv$　　　　　　　　　　　（2 — 4）

とおけます。

これは決して余談とはならないと思いますが、走っている粒子は運動量pの他に運動エネルギーというものを持っています。およそエネルギーというものは、その種類にかかわらず（エネルギーには色々と種類がある）運動量のように方向など持っていなくて、温度みたいにただ量だけを持っています。つまりエネルギーはベクトル量ではありま

せん。

　粒子の持つ運動エネルギー（kinetic energy）とはその粒子の運動に関するエネルギーのことで、当然粒子の速度 v に関係し速度が大きいほど（速く走るほど）粒子の運動エネルギーは大きくなります。静止している粒子の運動エネルギーはゼロです。また運動エネルギーは粒子の持つ質量にも比例します。質量 m キログラムの粒子が秒速 v メートルで走っている時の粒子の持つ運動エネルギーは

$$運動エネルギー = (1/2)\,mv^2$$

と表されます。

　では走っている粒子の持つ運動量と運動エネルギーとはどのように違うのでしょうか？　粒子の速度が増加すればその運動量も運動エネルギーも増加します。運動エネルギーは速度の2乗に比例しており、これは速度が増加する時運動エネルギーは運動量よりも急激に増加することを意味しています。同じ粒子（したがって同じ質量）であっても、運動量が2倍に増える場合、運動エネルギーは4倍に増え、運動量が3倍に増えると運動エネルギーは9倍に、運動量が4倍に増えると運動エネルギーは16倍に増えるといったぐあいです。また質量の小さな粒子（軽い粒子）でも速度が大きければ（速く走れば）、相手を無傷で弾き飛ばす能力である運動量は小さくても運動エネルギーは速度の2乗に比例するために運動エネルギーは大きなものとなります。

　ここで私はあえて運動エネルギーとは衝突相手にダメー

ジを与える能力ということにします。ここでダメージとは衝突相手の物体が衝突後ぺちゃんこに変形したり穴が開いたり内部構造が変化したりすることを意味します。運動量とは衝突相手を無傷のまま弾き飛ばす能力と言いましたが、運動エネルギーは衝突相手に傷を負わせたりダメージを与える能力と言っておきます。傷を負ったりかなり変形したりしてダメージをこうむった衝突相手は、無傷の時に比べて大きくすっ飛んでいったりはしません。ぶつかってくる粒子は相手をすっ飛ばすことよりもダメージを与えることに「気」を奪われて、そっちの方にエネルギーを使ってしまうからです（このように衝突相手にダメージを与えるような衝突は非弾性衝突と呼ばれています）。

しかしだからといって運動エネルギーを持つ粒子が必ず衝突相手にダメージを与えるとは限りません。ぶつかってくる粒子の運動エネルギーの一部あるいは全部が衝突相手に受け渡され、その分、衝突相手の運動エネルギーが単に増加するだけで全く無傷の場合があるからです（衝突相手に全くダメージを与えず弾き飛ばすような衝突は弾性衝突といいます。この場合運動量そのものが衝突相手を弾き飛ばした原因となっています）。

このように運動量と運動エネルギーの差違を明確に説明するのはむずかしいことです。ここでは私なりの解釈を披露しましたが、異論を唱える方もいるかと存じます。

さてここで38ページからの節で説明した「光電効果」に戻ります。光電効果はカラーフィルターによって選び出された光の色に左右されることは話しました。光子1個の持つエネルギーは47ページの（2－1）式で表されているよ

第2章 電子が波であるという証拠はあるのか?

うに光の振動数(周波数)f によって決定されます。振動数が光の色を決定するのです。振動数は徹底的に波を表すもので粒子(光子)とは関係のないはずなので、粒子の持つエネルギーが振動数(周波数)f に比例するとは大変受け入れにくいことです。でも黙って受け入れてください!ところで振動数が高いと(速く振動すると)波長λは短くなり、振動数が低いと(遅く振動すると)波長は長くなります。すなわち振動数f と波長λは反比例の関係です。

図2-5を見てください。

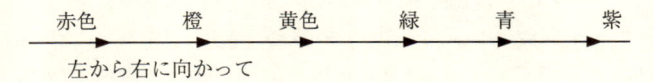

| 赤色 | 橙 | 黄色 | 緑 | 青 | 紫 |

左から右に向かって

振動数が増加していく方向
波長が短くなっていく方向

図2-5 光の色と振動数(波長)の関係

光電効果の説明のところでは(2-1)式 $E=hf$ を使いました。(2-1)式では光子1個の持つエネルギーが振動数f(光の色)のみによって決定されることになり、振動数f と波長λは反比例の関係にあるので、(2-1)式において振動数f を波長λに置き換えることができます。もう少し詳しく言うと $f=c/\lambda$ と書けるのです。ここに c は光速度秒速30万キロメートル(一定数)を表します。この関係を光子のエネルギーの式 $E=hf$ に代入すると次の式が得られます。

光子1個の持つエネルギー $E=(hc)/\lambda$

分子のhc（プランクの定数と光の速度の積）は常に一定ですから、分母の波長λが短いほど（λの値が小さいほど）光子のエネルギーEは大きくなり、波長が長くなるほど（λの値が大きくなるほど）光子のエネルギーは小さくなります。したがって光電効果においては波長の短い光子（例えば紫色の光）ほど金属から電子を叩き出す能力が大きいということになります。

しかし先に衝突相手を弾き飛ばす能力は運動量で表されることを話しました。光電効果では1個の光子が金属内の電子を外に叩き出す能力が問題になってきます。そこで（2－1）式を使わずに光子の持つ運動量で光電効果を説明してみましょう。相対性理論に基づくと、光子1個の持つ運動量はその光の波長に反比例することがわかっています。（2－4）式より運動量はアルファベット**p**を用いて表し、光子1個の持つ運動量（電子と衝突して電子を弾き飛ばす能力）は波長λに反比例することから、その値は次のように書き表せます。

$$p = h/\lambda$$

ここにhはプランクの定数を表します。この式と先ほどの$E = (hc)/\lambda$とを比較してみると、どちらの式でも波長λは分母にあるため、運動量pもエネルギーEも波長λに反比例することが分かります。すなわち波長λが短い（小さい値）ほど光子1個の運動量pもエネルギーEも共に大きくなります。この式$p = h/\lambda$は質量ゼロ（$m = 0$）の光子に対する運動量であり、（2－4）式で表された質量を

第2章 電子が波であるという証拠はあるのか？

持つ粒子の運動量とは異なります。詳しくは追って説明します。この式 $p=h/\lambda$ を波長λについて解くと、光子1個に対する波長λの式が得られます。

$$\lambda = h/p \qquad (2-5)$$

波長の短い光（光子）ほど金属内の電子を外に叩き出す能力が大きいのですから、波長の短い光ほどその運動量も大きいということになります。上の（2-5）式では運動量 **p** が分母にあるため、運動量が大きいほど光の波長は短くなります。赤色の光は波長が長い（λの値が大きい）ためにその光子の運動量 **p** は小さく、したがって電子と衝突して電子を叩き出す能力は大きくありません。一方、紫色の光は波長が短い（λの値が小さい）ためにその運動量 **p** は大きく、電子を弾き飛ばす能力も大きくなります。ところが、光子1個が電子1個と衝突して電子を弾き飛ばしても電子自身は何のダメージも受けず無傷のままです。光子は質量も電荷も持っていませんから、電子が光子を丸々吸収しても電子の電荷は変わることなく、電子が電子としての性格を失うことはありません。それに電子は内部構造がないので、光子と相互作用を起こしても電子そのものが他の種類の粒子に変容してしまうことはありません。衝突の際に電子が何のダメージも受けないということは光子の運動エネルギーを考慮する必要はないということです。

ここで少し脱線しますが、実を言うと、光子は本質的に運動エネルギーを持つことができないのです。運動エネルギーのみならずポテンシャル・エネルギーすら持つことが

できません。なぜなら運動エネルギーとかポテンシャル・エネルギーとかいう類のエネルギーは質量を持つ粒子のみに関与しているからです。繰り返しますが光子は質量ゼロ（重さゼロ）の粒子です。光子1個の持つエネルギーは（2－1）式、すなわちhf（あるいはhc/λ、cは光速度、λは波長）によって表されますが、これは運動エネルギーでもなくポテンシャル・エネルギーでもありません。質量に関係しないエネルギーです。質量のない光子を加速したり減速したりすることは、できない相談です。光子の速度は光速度（3×10^8m/s）という値1つしかありません。しかしながら先に説明したように、光子には電子を弾き飛ばす能力が備わっているため、質量はゼロであっても運動量を持っているのです。光子によって弾き飛ばされた電子は質量を持っているので運動エネルギーを持つようになります。

　ド・ブローイは、電子などのように質量を有する粒子が波として振る舞うならば粒子の持つ運動量は光子の持つ運動量と全く同じように表されることを理論的に示し、質量を持つ粒子の波すなわち物質波の波長は光子の場合と同じく（2－5）式 $\lambda=h/p$ によって与えられることを示したのです。ここでpは質量を有する粒子の運動量を表します。秒速vメートルの速度、質量mキログラムの粒子の持つ運動量は（2－4）式によって与えられているので、（2－5）式の分母のp（運動量）をmvで置き換えると、質量を有する粒子が波として振る舞う時の波長λを得ることができます。

第2章 電子が波であるという証拠はあるのか？

物質波の波長 $\lambda = h/mv$ （2－6）

　これがド・ブローイの式として知られるようになったのです。繰り返します。質量mキログラム、速度vm/sの粒子が波として振る舞っている時（物質波）の波長は上の（2－6）式で表されるということであり、質量が大きいほど（重いほど）、また速く走るほど（つまり運動量が大きいほど）、その波長λは短くなります。

　ここで「じゃあ、野球のピッチャーの投げるボールは波として振る舞っているのか？」という疑問を持つ人もいるでしょう。その疑問に答えるためには（2－6）式に出てくるプランクの定数hの実際の値を知らねばなりません。hの値は29ページの（1－2）式に示されたプランクの黒体放射の理論式を、実験データに基づいて作成されたグラフ（26ページの図1-4）に照合させることによって得られますが、もっと精密な測定実験によって得られた値は次のようなものです。MKS（メートル、キログラム、秒）の単位系では

　　　プランクの定数 $h = 6.626 \times 10^{-34}$ ジュール・秒

　0.1か0.001か100か、1000か、10000かというように数の大きさだけに注目すると、10のマイナス34乗というとてつもなく小さな値になっています。人間の感覚を基準にするとプランクの定数hはゼロに近い値ということになります。そこで上記のhの値、野球のボールの質量と実際に測定されたボールの速度を（2－6）式の右辺に代入して野

球のボールの波長を計算してみると、波長はものすごく短くなり、野球のボールの直径よりも遥かに小さな値となってしまうのです。これはひとえに（2－6）式の分子にあるプランクの定数 h の値があまりにも小さいためです（今考えているようなマクロ系では h の値は事実上ゼロとみなされる）。したがって目に見えるような大きさの物体がたとえ波として振る舞っていても波として観測することは不可能ということになります。

一方、電子などのようなきわめて小さなミクロな粒子はその質量（m の値）が極めて小さいがために（大きさとしては 10^{-30} キログラムほど）、その速度 v がかなり大きくても、その運動量 mv の値は小さく、したがって（2－6）式の分母の値はかなり小さく、結局（2－6）式において分子も分母もどちらも小さな値となり、その波長は測定可能なほどの値になります。大学の2年生レベルの教養物理学の学生実験でも「電子波」の波長を間接的に測定することができるのです！

ド・ブローイの提唱した（2－6）式はすべてのミクロな粒子に適用でき、この式の導入を示した論文はそのままド・ブローイの博士論文となりました。しかし、質量を有する粒子が波として振る舞うなどとはきわめて奇抜なアイデアであったために、論文審査員の1人はアインシュタインに論文のコピーを送ったほどでした。アインシュタインはすぐにその重要性を認め、結局ド・ブローイの論文は受理されてめでたく博士号を獲得したのです。この論文は1924年に発表されています。

今まで、光子（質量ゼロ）1個の持つエネルギーは hf

第2章 電子が波であるという証拠はあるのか？

で表されるということを何度も言いました。これはあくまでも光子のエネルギーであることも強調しました。一方、質量を有する粒子のエネルギーは一般に運動エネルギーとポテンシャル・エネルギーとの和として表されます。ポテンシャル・エネルギーとは何かというと、粒子が力を通して他の粒子と相互作用する時に（例えば電荷を有する2つの粒子は接触していなくても電磁力を通してお互いに反応します）、粒子間にはたとえ粒子が動いていなくてもエネルギーがポテンシャル・エネルギーとして貯えられているのです。一般に粒子間に働く力が引力の場合はポテンシャル・エネルギーはマイナスとなり、反発力（斥力）の場合にはプラスとなります。ですから質量を有する粒子の総エネルギーは

　　質量を有する粒子の総エネルギー
　　＝運動エネルギー＋ポテンシャル・エネルギー

となります。

　ド・ブローイの提唱により量子力学においては質量を有する粒子も波として扱われるため振動数 f や波長 λ を持ち、そのエネルギーも質量ゼロの光子のエネルギーと同じく hf と表されるのです。質量を持つ粒子が波として振る舞う限り、そのエネルギー（総エネルギー）は波の振動数 f に比例します。速く振動するほどエネルギーは大きく、遅く振動するほどエネルギーは小さくなります。でもいったい何が振動しているのかはわかりません。粒子が波として振る舞う時、振動しているものは粒子そのものではあり

ません！　粒子が波になっている時はその粒子は波であって粒子ではなく、あくまでも波としての振動で、決して粒子の振動ではありません！　粒子というからにはたとえ走っていても各時刻（瞬時）においては空間の１点１点に局在していなければなりませんが、波になると１点に局在することはありませんから、空間に広がりをもって存在することになります。粒子から波への移転はなかなかとらえにくいのですが、波として振る舞っている限り決して粒子ではありません。波である以上何かが振動していなければなりませんが（振動が伝わる現象が波）、いったい何が振動しているんでしょうね？　振動しているものを何かの装置で観測できないものかと思うかもしれませんが、このような波はどんな装置を使っても全く観測不可能なのです。

　観測不可能なのになぜ粒子が波として振る舞うと断定できるのかということになりますが、次節で説明するように電子などのミクロな粒子はすべて波特有の回折現象や干渉現象を起こすからです。回折現象や干渉現象は波にしか起こらない現象です。粒子と波の二重性こそ量子力学の鍵となったのです。電子はいったい粒子なのか波なのか？　答えは……分かりません。粒子として振る舞う時もあれば波として振る舞う時もある、としか言いようがありません。観測の仕方によって電子のようすが全く異なってしまうのです。

　電子を「知る」ためには観測せねばなりません。観測結果を吟味するのは人間であり、人間だけが「波か粒子か」を決定するように思えます。こうなると「電子の実体はいったい何なのか？　実体はあるのか？　現実とは何か？」

第2章 電子が波であるという証拠はあるのか?

というような哲学的な問題に立ち入ってしまいます。「粒子と波の二重性」は今もってよく理解されていません。「粒子」と断定的に言うくせに粒子の持つエネルギーを振動数で表すこと自体、矛盾しているように思えます。なぜなら振動数は徹底的に波を表し粒子とは全く無関係であるように感じられるからです。多くの哲学者が量子力学に足を踏み入れたのはこの辺のところに理由があるようです。

ところで(2-6)式においてなぜ分母に運動量mvが来なければならないのかを光子に対する(2-5)式から説明しましたが、違った面からも説明できます。(2-6)式の分子にはプランクの定数hが来ています。ほとんどの自然定数は何らかの単位(メートルとかキログラムとか)を持っており、プランクの定数も例外ではありません。プランクの定数hは元はといえば29ページにある(1-2)式に見られるようにプランクの黒体放射理論の式に現れたものであり、この式からプランクの定数hは角運動量の単位を持たねばならないことが示されます。角運動量については後で詳しく説明しますが、質量mキログラムの粒子が秒速vメートルである点の周りを円運動している場合、その半径をrとするとその粒子の角運動量はmvrとして表されます。ここでmvは運動量の単位を、半径rは長さの単位を持ちます。したがって単位的には(次元は)角運動量は「運動量」×「長さ」となります。これがプランクの定数hの持つ単位となります。

そこでド・ブローイの式$\lambda = h/mv$(2-6)の左辺の単位と右辺の単位を調べてみます。左辺λは波長を表すために左辺は長さの単位(メートルあるいはセンチメート

ル)を持っています。左辺イコール右辺というからには、その量だけでなく、左辺と右辺の単位も等しくなければなりません。(2−6)式において左辺が「長さ」の単位になっている以上右辺のh/mvも「長さ」の単位を持たねばならないのです。この分子のプランクの定数hは「運動量」×「長さ」で、分母は運動量そのもの。したがって(2−6)式は次のようになります。

$$\lambda（長さ）= \frac{「運動量」\times「長さ」}{「運動量」}=「長さ」$$

右辺で上下の「運動量」が約分されて「長さ」だけが生き残り、結局、単位(次元)は左辺も右辺も同じ「長さ」の単位を持つことになり、単位(次元)で見ても(2−6)式は辻褄が合うことになります。

もし(2−6)式の右辺の分母に運動量以外の物理量、例えば運動エネルギー$(1/2)mv^2$を持ってくると、右辺の単位は決して長さの単位とはなりません。したがって、(2−6)式の右辺において分子にプランクの定数hがくる以上、右辺に「長さ」の単位を持たせるためには分母にどうしても運動量mvを持ってこなければならないことが分かります。

確かに電子は波だ！

1927年、当時アメリカのベル電話研究所で研究員として働いていた2人の研究員、クリントン・デビッソン(Clinton Davisson 1881—1958)とレスター・ジャーマー(Lester Germer 1896−1971)はたくさんの電子を束にし

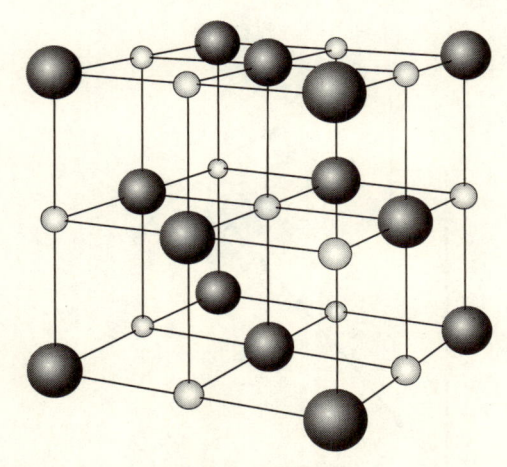

第2章　電子が波であるという証拠はあるのか？

図 2 - 6　結晶構造
"Physics Part2 Extended Version" p.1058, Figure47-13 by David Halliday and Robert Resnick, John Wiley&Sons, 1986に基づく

て走らせる電子ビームをニッケルにぶつけて、その散乱を観察していました。ここで「散乱」とは電子ビームがニッケルの表面によって弾き返されるということです。

ニッケルは結晶構造をしており、その原子は規則正しく配列されています（図2-6参照）。電子ビームの個々の電子の質量mと速度vはあらかじめ分かっています。ですからもし電子が波として振る舞っているのなら、ド・ブロイの式（2－6）から波長が算出できます。デビッソンとジャーマーはニッケルによって散乱された電子ビームの強さが散乱角によって異なっていることを観測したのです（次ページ図2-7参照）。

図2-7において、電子ビームはニッケルの表面に直角に当たると散乱されます（弾き返される）。散乱された方

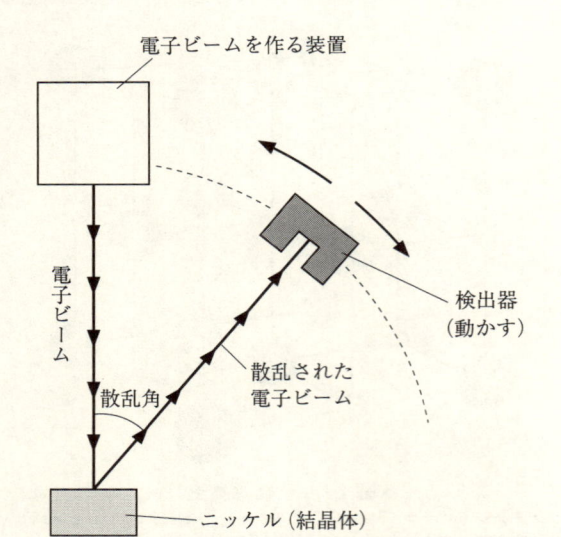

図 2−7 デビッソン=ジャーマーの実験装置（装置が置かれている机の真上から見た図）

向は散乱角によって示されます。デビッソンとジャーマーは散乱された電子ビームの強さ（何個の電子が弾き返されるか）を測定していました。図 2−7 に示されているように、散乱された電子ビームの強度を測定する検出器をゆっくりぐるっと回してみたのです。デビッソンとジャーマーはニッケルによって散乱（反射）されたビームの強度は角度を変えることによって変化するとしても、その変化の仕方は連続的でスムースであろうと期待していたわけです。ところが実際に観測してみると期待に反して、ある散乱角では強度が大きく、違った散乱角では強度が小さいことが

第2章 電子が波であるという証拠はあるのか？

確認されました。決してスムースに連続的に変化してはいなかったのです。また、散乱された電子ビームの角度に対する強度の変化はデタラメではなく規則的であることが確かめられました。つまり電子ビームはニッケルにぶつかるとあっちこっちとデタラメに散乱されるのではなく、規則正しく散乱されるのです。

　これを知った御両人、「いったい何が起きているのだ？」と思ったことでしょう。しかしもし個々の電子が波として振る舞っているのなら、この現象は説明がつきます。ド・ブローイの式（2−6）は電子のスピードがvの時の「電子波」の波長λを表しています。電子ビームは電子を加速する電圧を調節することによってそのスピードをいかようにも加減できます。したがってもし電子が波として振る舞うのなら、加速電圧を調節することによって電子波の波長λをこれまたいかようにも変えることができます。振動数とか波長は連続的に変化し、飛び飛びに変化することはありません。前述のように、ニッケル内では原子が規則正しく配列されているのです。デビッソン＝ジャーマーの実験では電子ビームのスピード（正確には電子の運動量mv）によってもたらされる電子波の波長が偶然にもニッケルの原子と原子の間隔とほぼ一致していたのです。そうすると電子波はニッケル原子によって独特の回折現象を起こします。電子波はニッケルの結晶構造によって規則正しく散乱されるのですが、この規則正しい散乱が回折現象なのです。ニッケルによって散乱された電子ビームの強度は散乱角によって強い所、弱い所と、規則的に変化しました。このような回折現象は波でないと絶対に起こらない現象です。

電子ビームを用いずにX線をニッケルなどのような結晶構造を成している物体にぶつけてやっても回折現象が起きます。これは電磁波が波であるから当然です。結晶体は膨大な原子が立体的に規則正しく配列されてできあがったものです（図2-6参照）。しかし結晶がどんな電磁波も回折させるとは限りません。電磁波の波長が結晶を成す原子と原子の間隔程度の長さである時に顕著な回折現象が起きるのです。例えばX線の回折現象の場合には、X線の波長がちょうどそのような長さになっているわけです。したがってX線は結晶にぶつかると規則正しく散乱されるのです。

結晶を形成している原子と原子の間隔と散乱角からX線の波長を計算することができます。この波長の計算の仕方は「ブラッグの式」に基づいています。この式は1913年、ウィリアム・ヘンリー・ブラッグ（William Henry Bragg 1862―1942）とその息子であるウィリアム・ローレンス・ブラッグ（William Lawrence Bragg 1890―1971）が共同で導き出した式です。親子はX線（波長の短い電磁波）を結晶体に照射し、規則正しく散乱つまり回折されたX線を写真に撮ったのです。こうしてブラッグ親子は結晶構造の写真撮影に成功し、さらにX線の回折からその波長を導き出す簡単な数式を得ました。これにより結晶体の結晶構造が初めて明らかにされ、この業績によりブラッグ親子はノーベル物理学賞を受賞（1915年）しました。その時、息子のローレンスは弱冠25歳！

電子ビームの場合もX線の場合と全く同じように、結晶構造をしているニッケル原子の間隔と散乱角から電子波の波長を計算することができます。こうして計算された電子

第2章 電子が波であるという証拠はあるのか?

波の波長はド・ブローイの式(2-6)によって計算された波長とぴったり一致したのです! デヴィッソンとジャーマーは電子が波として振る舞うこと、言い換えるとド・ブローイの式(2-6)を実験的に証明したことになります。この業績でデヴィッソンは1937年、ノーベル物理学賞を受賞しました(ジャーマーは受賞していません)。

1928年、デビッソンとジャーマーの実験から数ヵ月後、スコットランドの物理学者ジョージ・トムソン(George Thomson 1892―1975)は電子の波動性を示すもっとドラマチックな実験を行っています。この時トムソンは粉末状になった結晶体を用いました。粉末の1粒1粒が結晶体です。電子ビームをこの粉末にぶつけると前方に散乱されますが、これまた規則的に散乱されたのです。前方に、電子が当たると光を発する蛍光板(例えばテレビのブラウン管のようなもの)を置いておくと、粉末によって散乱された電子ビームが蛍光板に当たり電子ビームがどのように散乱されたのかがハッキリと分かります。蛍光板には中心を同じくする幾つかの輪(同心円)が描き出されたのです(図2-8参照)。

もちろん輪の部分に電子が当たっているわけですが、問題はどんなに時間をかけても輪と輪の間には1個の電子も当たらないということです。もし電子ビームの個々の電子が粒子として振る舞っているのなら、蛍光面に電子がまばらに分布するはずで、輪状に分布するなんてことは到底考えられません。

ところが電子ビームの代わりにX線を用いても全く同じことが起こり、蛍光面には幾つかの同心円が描き出される

のです。X線は波ですから粉末によって回折され同心円はいわゆる回折像となるわけです。したがって電子ビームの個々の電子も波として振る舞っているという結論を出さざるを得ません。ブラッグの式を用いてこの電子波の波長を計算するとド・ブローイの式（2－6）とこれまたピッタリと一致したのです。トムソンの実験は電子は波であるということを直接目に訴えたという意味で大変ドラマチックです。したがってこの実験は現在でも大学の（あるいは高校の）初級レベルの物理学の実験に使用されています。

なお、このジョージ・トムソンという人は初めて電子を発見したJ.J.トムソンの息子さんです。ジョージ・トムソンはこの業績により1937年、デビッソンと共にノーベル物理学賞を受賞しています。

さらにトムソンより半年遅れで、日本では菊池正士博士（1902—1974）が電子による干渉縞を得ています。菊池博士は日本原子力研究所の理事長に就任されたこともあります。残念ながら菊池博士にはノーベル賞が授与されません

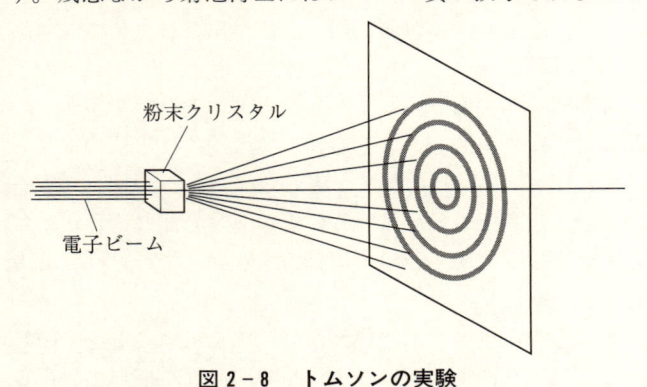

図 2-8　トムソンの実験

第2章 電子が波であるという証拠はあるのか？

でした。

　このようにして電子が波として振る舞うことは決定的となったのです。でも電子の波っていったいどんな波なんでしょうか？　どんな波でも必ず振動しています。振動が次次と空気や水などのような媒質を伝わっていくのが波というものです。では電子の波はいったい何が振動しているのでしょう？　電子自身が振動しているのでしょうか？否、電子自身が振動すると電磁波が発生しますが電磁波は電子波とは本質的に異なります。

第3章
見ようとすると消える幻の波 —— 幽霊波

光が波である証拠

適当に大きく薄く不透明な平らな板に縦に2つの平行な細長い穴を開けます。このような穴はスリットと呼ばれ、2つの場合は二重スリットと呼ばれています（図3-1参照）。

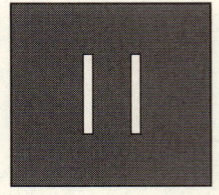

図3-1　二重スリット

この二重スリットのある板にスリットをカバーするくらいの幅のある光を垂直に当てると一部の光はスリットを通過します。しかし光はスリットを直進せず、通過する際曲がってしまうので、スリットを通過した光は広がってしまいます。この現象が回折というものですが、これは光が波でないと起こり得ないので、回折現象を見る限り光は波であると断定できます。回折という字は回り折れると書きますが、正にそのとおりで、光だけではなくどんな波でも回折現象は起こります。

塀の反対側はなぜ見えないか？

波が何か障害物の近くを通過する際に進行方向が曲げられるのが波の回折現象で、波独特の現象の1つです。いったいどれほど進行方向が曲げられるのか（回折されるのか）というと、それは波の波長と障害物の大きさに左右さ

第3章　見ようとすると消える幻の波 —— 幽霊波

れます。波の波長と障害物の大きさが同じ程度である場合、波は最も顕著に回折されます。光も音も波である以上、どちらも回折現象を起こしますが、同じく塀の近くを通過する際、塀の厚さや大きさが音の波長に近く光の波長よりも遥かに大きいため、音の方が光よりも大きく回折され、光はほとんど回折されず直進します。光は塀の上端をほとんど回折せずに直進してしまうために、塀の向こう側の相手を見ることはできませんが、音は大きく回折するために相手のしゃべる音は聞こえるのです。一方、障害物の大きさが光の波長程度であると、例えば非常にシャープなかみそりの近くを通過する際、光の道筋はそこで曲げられます。また光が1つのスリットを通過する際、スリット幅がその光の波長程度であると、光がスリットを通過すると大きく回折されるために光は広がります。いずれにしても回折現象は波の波長に左右されることから、波にしか起こらない独特の現象であるという結論に達するのです。

　さてボーアの水素原子理論のところで話しましたように、エネルギー状態の高い水素原子からは光が発せられますが、何も水素原子に限ったことではなく、外部からエネルギーを与えてさえやればどんな原子にも「量子飛躍」が起こり、光を発します。ボーア理論のところでは光子（粒子）を考えましたが、不思議なことにスリットを通過する時は光子は波としてスリットを通過するのです！　なぜと問われても返答に困ります。多数の原子から発せられた光が、スリットを通過する時にはすべて波となっているのです。

　しかし個々の原子がいつ光子を発するのかは確率的な現

象で、スリットを通過する時はいろんな波がデタラメに混じり合ったまま通過します。ここですべての波がぴったり揃ったままスリットを通過すると大変おもしろいことが起こるのです。でも波が揃うとはどういうことなのでしょう？ まずスリットを通過するすべての波が同じ振動数、同じ波長でなければなりません。つまり同一の色を持つ光です。この条件のもとでさらにすべての波が山は山、谷は谷と揃わなければなりません（図3-2参照）。このようにすべての波がピッタリ揃っている場合、波の位相が一致しているといい、全体の波をコヒーレントな波といいます。

コヒーレントな波は懐中電灯の光のように広がることはなく細いビームを保ちながらかなり遠くまで及びます。こんな波、いったい作れるのでしょうか？ 作れます！ 皆さんレーザー光線をご存じでしょう。レーザーとはコヒー

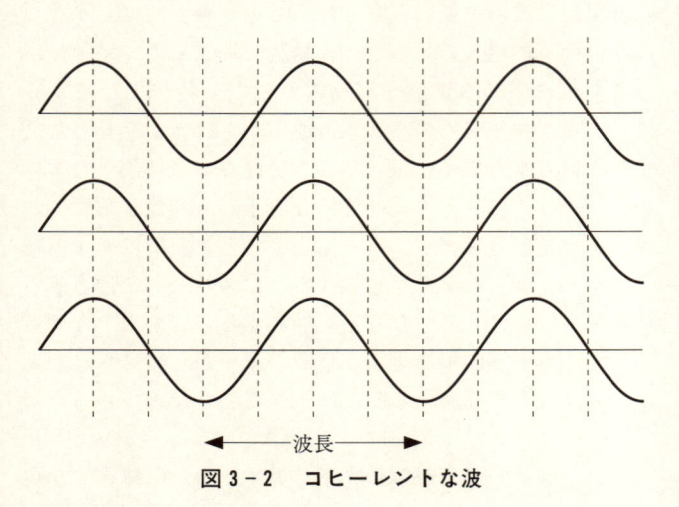

図3-2 コヒーレントな波

第3章 見ようとすると消える幻の波——幽霊波

レントな光の波を作り出す装置なのです。レーザーは英語でLASERと綴り、Light Amplification by Stimulated Emission of Radiationの頭文字を取って出来た単語です。レーザー光線はスリットのところまでは束になっていますが、二重スリットのそれぞれのスリットを通過する際に回折を起こすため、曲がって広がってしまい、1つの束を保てなくなります。

今、二重スリットの後ろに、ある距離を隔ててスクリーンを設置します。このスクリーン上に二重スリットによって回折されたレーザー光線が当たるわけです。2つのスリットから出た光が当たるわけですからスクリーン上には2つのスリットの像が映し出されると予想されます。ところ

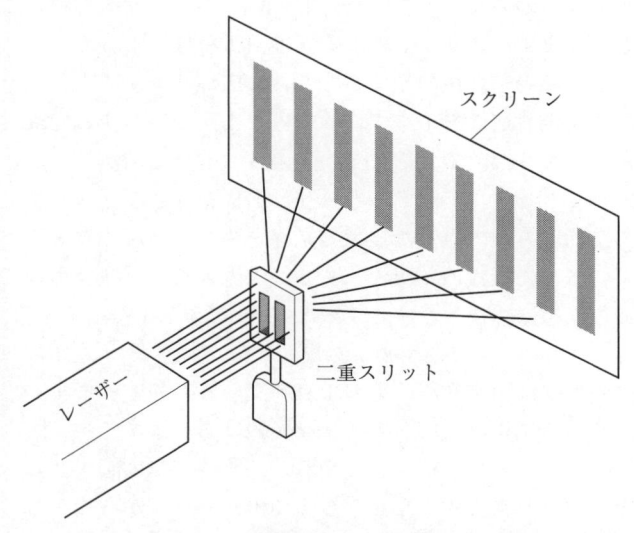

図3-3　二重スリットの実験・干渉縞

が予想に反して10個、30個、100個、いや、もっと！　多数のスリットの像がスクリーン上に映し出されるのです（図3-3参照）。

　スリットが2つしかないのに、スクリーン上には数多くのスリットの像が現れるとは、いったいどうなっているのでしょう？　これは2つのスリットを通過した光（波）がスクリーン上で干渉し合うからです。図3-3は少し誇張されて描かれています。というのは普通レーザー光線の束は細く、スリットを全部カバーするほど太くないからです。ここではレーザー光線はスリットを全部カバーするくらいに幅のあるものとしています。

　図3-3を真上から見てみましょう（図3-4参照）。便宜上2つのスリットをスリット#1とスリット#2と呼ぶことにします。スリットによる光の回折現象によって、スリットを通過した後の光はあちこちに広がります。1つの光の波が走る道筋を1つの直線で表します。いわゆる光線です。つまり無数の光線が2つのスリットから広がり出るということです。そうするとスリット板からスクリーンまでの空間に方向の違った無数の光線を描くことができます。

　いまこの無数の光線のうち2つの光線だけを選び出して他の光線は無視します。1つはスリット#1から出た光線、もう1つはスリット#2から出た光線です。またこれら2つの光線はスクリーン上の1点で交わるものとします。膨大な数の光線の中にこのような光線はあるはずです。スクリーン上の1点を指定してやると、その点では必ず2つの光線が交わります。なぜなら2つのスリットがあるからです。3つ以上の光線が同じ点にピタリ交わることはありえ

第3章 見ようとすると消える幻の波——幽霊波

ません。このような2つの光線がスクリーン上で交わる点をPとします。さらにスリット#1から出た光線を光線#1、そしてスリット#2から出た光線を光線#2と呼ぶことにします。ずいぶん呼び名が多くなってしまいましたが図3-4を見ればハッキリします。この図から光線#2の長さが光線#1の長さよりも長いことが分かります。この2つの光線は実際は2つの波なのですがスリット板に到着するまではぴったり（位相が）揃っています。しかしスリットを通過した後スクリーン上のP点で交わる2つの光線（2つの波）の長さは異なるので、P点で2つの波がまだ揃っている（位相が一致している）とは限らなくなります。なぜなら、光線#2の波は光線#1の波よりも余分に走ること

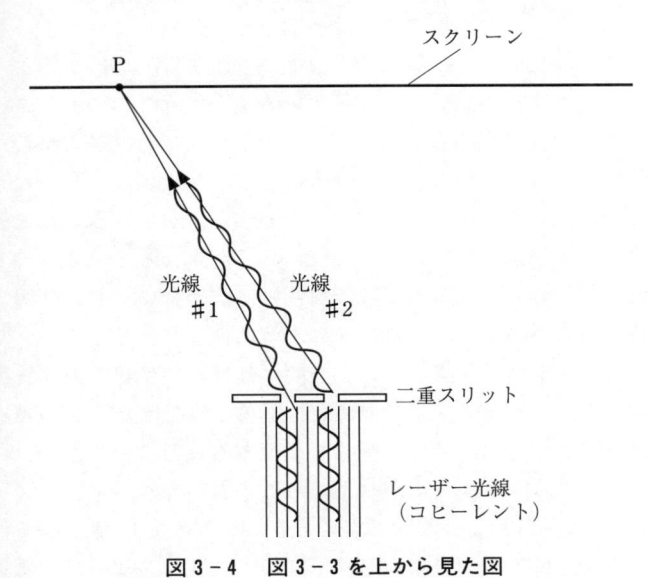

図3-4　図3-3を上から見た図

になり、この余分な距離のためにスクリーン上のP点では2つの波にズレが生じてしまい、スリットのところでは位相が揃っていてもP点では位相が揃わなくなってしまう恐れが出てくるのです。

図3-2をもう一度見て、2つのコヒーレントな波をよく観察してください。もし2つの波のうちどちらかが右へ、あるいは左へちょうど1波長だけずれても2つの波の位相はまだ一致して揃っていることがお分かりいただけると思います。つまりちょうど1波長ずれると、ずれる前と何ら変わりがないということになります（改めて図を描くまでもありませんね）。否、1波長といわず2つの波のズレが2波長、3波長、4波長……と波長の整数倍だけずれていても、2つの波の位相は依然として一致しています。図3-4において光線#1と光線#2の長さ（距離）の差がちょうど波長の整数倍になっている場合は、2つの波がスクリーン上で交わるP点での2つの波のズレも波長の整数倍になるので位相は揃っていることになります。これが起こるのはスクリーン上、どの点をPに選ぶかに左右されます。位相が揃っている2つの波（光）が重なると、2つの波は足し合わされるので波はお互いに強め合い、P点は明るく照らされます。これは波の干渉に他なりません。

スリット板とスクリーンとの間には無数の光線がありますから、スクリーン上でP点とは別の1点で交わる2つのスリットから出た2つの光線も多数あることになります。また、スリットから広がり出た無数の光線のすべては、図3-4に見られるような2つの光線のペアから成り立っていることにもなります。それぞれのペアはスクリーン上の

第3章 見ようとすると消える幻の波──幽霊波

異なった点で交わりますから、スリット#1から出た光線とスリット#2から出た光線のスクリーンまでの距離差（ズレ）はペアによって異なります。この距離差が波長の整数倍になっている場合はスクリーン上の点で2つの波の位相が揃うことになり、波がお互いに強め合ってその点は明るく照らされます。ですからスクリーン上には幾つもの明るい点が現れることになります。波長が一定である以上、このようなP点は等間隔にスクリーン上に現れます。

再び図3-2を見てください。今度は2つの波のうち、どちらかが右か左に半波長だけズレた場合を考えてみましょう。半波長（1/2波長）だけズレた2つの波の関係は図3-5のようになります。

半波長ズレた2つの波が重なると、お互いに打ち消し合うために合成された波はゼロとなり、波が消え失せてしまいます。さらに2つの波のズレが3/2波長、5/2波長、7/2波長、9/2波長……のように波長の半整数（奇数/2）倍になっている場合も2つの波の位相関係は図3-5のようになり、波は打ち消されてしまいます。

ここでまた図3-4に戻ります。光線#1と光線#2との

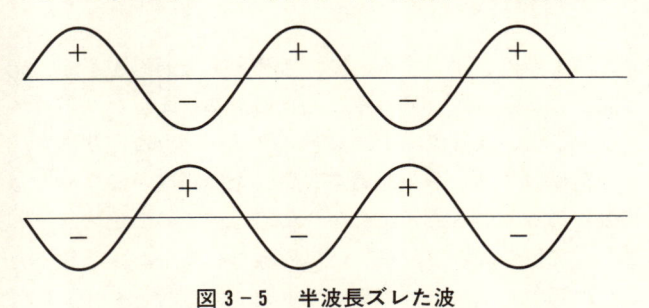

図3-5　半波長ズレた波

距離差「ズレ」が波長の半整数倍の場合は、2つの波はP点で打ち消し合うので、P点には光が当たらないのと同じことになり「暗い点」となります。これも波の干渉です。したがって2つの光線のペアの距離差（ズレ）が波長の半整数倍となるようなスクリーン上の点はすべて「暗点」となります。結局、スクリーン上には「明点」と「暗点」が交互に繰り返された1つの模様が出来あがります。しかしこれはあくまでも図3-4、つまり図3-3を真上から見た図に基づいたものです。実際はスリットの形が縦に細長くなっているために、スクリーン上には点ではなく細長く明るく照らされた場所と細長い暗い場所が規則正しく交互に繰り返されることになります。細長く明るく照らされた場所は言うまでもなくスリットの像を表します。このために、図3-3に見られるようにスクリーン上には多数のスリットの像が現れるのです。このスクリーン上の幾つものスリットの像は「干渉縞」と呼ばれています。2つの波が干渉し合って得られた縞だからです。また、このような干渉縞を得るためにはスリット板にぶつかる光がなぜコヒーレントでなければならないのかもお分かりいただけたと思います。

この干渉縞を説明するのに、スリットを通過する際、光は波として振る舞っていることを前提にしました。二重スリットの実験は確実に干渉縞をスクリーン上に作ります。この結果、スリットを通過する際、光は間違いなく波として振る舞っていることがわかりました。この二重スリットによって得られる規則正しい縞模様つまり干渉縞は量子力学を理解する上において極めて重要であることを強調して

干渉縞と回折像

さて図3-3において、レーザー装置を電子ビームを発する装置に置き換えてみます。さらにスクリーンは、電子が当たると光を発するスクリーンに変えます。スリット板はそのままにしておきます。電子ビームは速度の揃った(同じ速度の)電子から構成されています。個々の電子はスリット#1か、スリット#2かのどちらかのスリットを通過するわけです。ここで電子ビームを極端に弱めて1回に1個の割合で電子がどちらかのスリットを通過するものとします。電子がスクリーンにぶつかると小さなスポットがスクリーン上に現れます。1回に1個の電子しかスリットを通過しないのですから、スクリーン上にはあちこちにポツンポツンとまばらにスポットが現れます。一度発光したスポットは時間が経ってもそのまま発光し続けるように工夫しておきます。そうすると時間が経つにつれ大変奇妙なことが起こってきます。時間が経ってスクリーン上にスポットの数が多くなってくると、電子がぶつかる所と絶対にぶつからない所がハッキリと現れてくるのです。そしてさらに十分に時間が経つと、電子がぶつかる所にはスポットがますます密集するようになり、電子が当たらない所には待てど暮らせど全くスポットが現れないのです。結局スクリーン上にはスポットが密集する部分と全く電子が当たらずスポットが全く現れない部分が交互に現れます(図3-6参照)。このようすはレーザー光線を使った図3-3のスクリーン上に現れる干渉縞と全く同じパターンになってい

(a) 電子の個数＝10

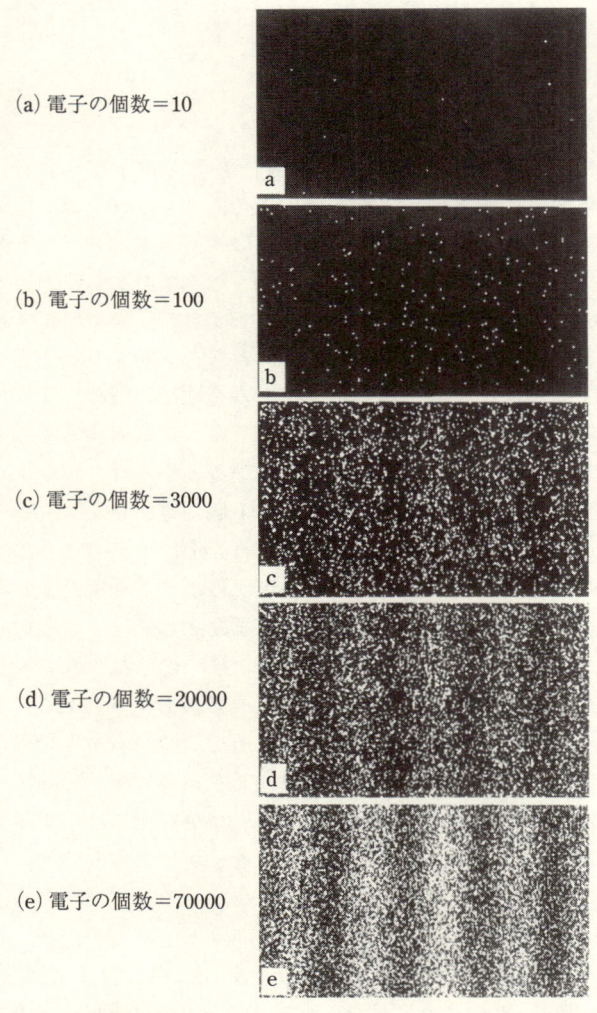

(b) 電子の個数＝100

(c) 電子の個数＝3000

(d) 電子の個数＝20000

(e) 電子の個数＝70000

図3-6　二重スリットによってスクリーン上に現れた電子の分布
図版提供／外村彰氏

第3章 見ようとすると消える幻の波 —— 幽霊波

るのです。

すると読者の皆さんは、「なーんだ、結局光子（粒子）がスリットを通過する際には波として振る舞うのだから、電子もスリットを通過する時は波として振る舞い、したがってスクリーン上には当然干渉縞が現れるのだろう」と結論されることでしょう。確かにそのとおりなのですが、もう少し深く考えてみましょう。

時間を十分かければ多数の電子がスリットを通過するとはいえ、一度にはたった1個の電子しかスリットを通過しないのですから、個々の電子はスリット#1か、スリット#2か、どちらか一方のスリットしか通過することができません。にもかかわらずスクリーン上には干渉縞が出来ます。干渉というからには2つの波が必要です。波が2つあるからお互いに干渉を起こすのです。1つの波だけでは干渉の起こしようがありません。電子1個がスリットを通過しただけで干渉を起こすということは電子1個がそれ自身で干渉を起こしていることになりませんか？　結局、1個の電子がスリット#1か、スリット#2か、どちらか一方のスリットを通過すると考えると干渉縞の説明が全くできなくなってしまいます。

だいぶ前の話になりますが、筆者が大学で量子力学の講義をしていた時に、ある学生が電子の干渉現象を次のように説明しました。「二重スリットで1個の電子がスリット#1を通過し同時にもう1つの違った電子がスリット#2を通過する。1つ1つの電子は波として振る舞っているから、2つの波が2つのスリットを同時に通過することになる。この2つの波がお互いに干渉する結果スクリーン上に

干渉縞が現れる」。このように考えている学生は少なくありません。しかしこの説明は完全に間違っています！　一度に1個の電子が二重スリットを通過しても干渉現象が起こるのです。これは動かすことのできない、厳然たる事実なのです。

　どうしても電子1個だけで干渉現象が起こるということに固執すれば、1個の電子が2つのスリットを同時に通過すると考えるしかありません！　こんなことが実際に起きているのでしょうか？　1個の電子が真っ二つに割れてしまわない限りこんなことは起こりませんね。電子は内部構造を持たない粒子ですから2つに割れることなど決してありません。実は光の場合も全く同じです。1個の光子が2つのスリットを同時に通過しない限りスクリーン上に干渉縞が現れないことになります。ここでまた読者は「何を言ってるんだ。さっきスリットを通過する時は光子でも電子でも波として振る舞うといったじゃないか」と反論することでしょう。ごもっとも、それは間違っていません。

　ここで、もし2つのスリットのうち、どちらか一方を塞いでしまったらどうなるかを考えてみましょう。再び光の干渉を考えます。スリットが1つの場合には、ペア光線がなくなるので干渉現象は起きません。起こるのは回折現象（1つのスリットによって光が広がる現象）だけです。回折現象だけの場合、スクリーン上では幅広い部分がぼやっと明るく照らされます（図3-7参照）。レーザーを使っても電子ビームを使っても、スリットが1つだけ開いている場合は、光子や電子が、スクリーン上の広い範囲にわたって分布します。これは干渉縞とは異なり、回折縞と呼ばれ

第3章 見ようとすると消える幻の波——幽霊波

ています。

2つのスリットが開いている場合の図3-3と1つのスリットだけが開いている場合の図3-7とを比較してみると、スクリーン上の光子なり電子なりが分布する状態はまるで違います。

ところで以後、光子も電子も量子と呼ぶことにします。スクリーン上で、量子が多く分布している所はその領域に量子がぶつかる確率が高く、量子が少なく分布している所はその領域に量子がぶつかる確率は小さいということになります。つまり、干渉縞も回折縞も確率分布を表していることになります。

ここで、2つのスリットが開いていて、図3-3に見ら

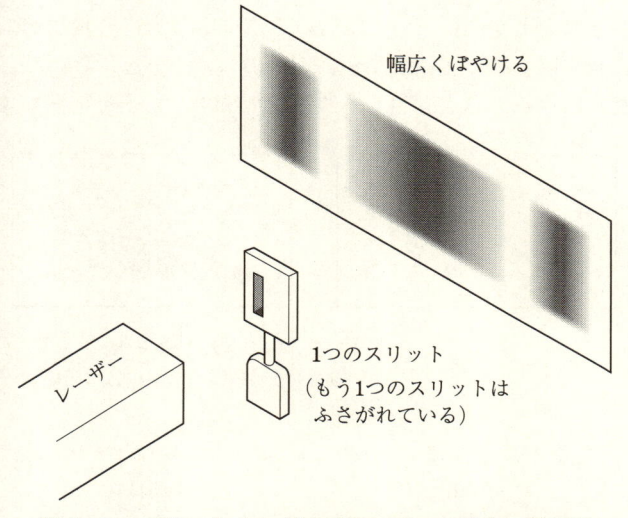

図3-7　スリット1つだけが開いている場合・回折縞

れるようにスクリーン上に干渉縞を観測したとしましょう。そして、2つのうちのどちらか1つのスリットをふさいでみます。ふさいだ途端、スクリーン上の分布はいっきょに図3-7に見られるような回折縞に変わってしまいます。1つのスリットをふさぐと、図3-3では量子が当たっていなかった部分（暗い部分）に多くの量子が当たるようになることが分かります。繰り返します。1つのスリットをふさいでしまうと暗かった部分が明るくなるということです。逆ではないのかと思われるかもしれませんが、逆ではありません。ここのところをハッキリさせるために、図3-3のスクリーン上の干渉パターンと図3-7のスクリーン上の回折パターンを図3-8に並べておきました。

図3-8にはA点とB点の2点を記してあります。2つのスリットが開いている場合はA点にもB点にも量子が到達せず暗くなっていますが、1つのスリットをふさいだとたんにA点もB点も明るく照らされます。光子も電子もス

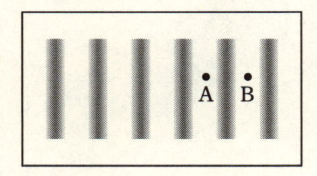

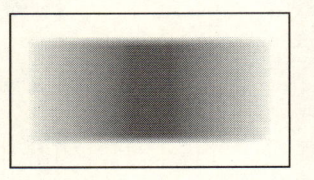

黒い部分が照らされた部分（明るい）
白い部分は光が当たらない部分（暗い）

両方のスリットは開いている　　片方のスリットはふさがれている
　　　（干渉縞）　　　　　　　　　　　（回折縞）

図3-8　スリットの開閉状態は電子の行き先を変える

第3章　見ようとすると消える幻の波——幽霊波

リットを通過する際は波になっていますが、スクリーンにぶつかった途端に粒子となります。また、1つのスリットを開けたままにしておくか、ふさいでしまうかで量子（電子あるいは光子）の行き先が変わります。スクリーン上での干渉縞も回折縞も、明るい部分は量子の当たる確率は高く、暗い部分は量子の当たる確率が小さいわけですから、二重スリット実験でどちらか片方のスリットをふさいだ途端にスクリーン上の確率分布が変わってしまうことになります。正に幽霊が作った像ではありませんか？　あたかも電子がスリットの片方がふさがれているのかいないのかを事前に知っているように考えられます。個々の電子が自分の行き先をすでに知っているかのようです。

さて量子力学では粒子の（そうです。「粒子の」です）状態は数式で表され、波動関数（Wave Function）と呼ばれています。粒子に対する波動関数は、その粒子の「波動性」、つまり波の性質を表すものですが、単に波だけを表すわけではありません。観測後（測定後）に現れるであろう、粒子の持つあらゆる状態を含んでいるのです。この意味で波動関数は状態関数あるいは状態ベクトルともいわれています。しかし、波動関数は粒子の波動性を表すものである以上波の特徴を持っており、波は時間的にも変化するし、また同時に位置を変えても変化します。つまり波動関数は時間と位置との関数であり、粒子が波として振る舞う時の波そのものを表します。量子力学の教科書に用いられている標準的な波動関数に対する記号はギリシャ文字 Ψ （プサイ、大文字）や ψ （プサイ、小文字）です。

例えば無限空間を何の束縛も受けずに全く自由に直線運

動している粒子の波動関数は次のように表されます。

$$\Psi(t, x) = A\cos(\omega t - kx) + iA\sin(\omega t - kx)$$
（3-1）

t は時間を、x は位置を表します。また、$\omega = 2\pi f$ で、ω は波の振動数 f に関係しています。k は波長の逆数に比例した量 $(2\pi/\lambda)$ を表します。そして $i=\sqrt{-1}$ は虚数ですので、波動関数は複素関数となっています。A は振幅です。

ここで大きな仮定をしてみます。仮に読者がこの波といっしょに波と同じ速度で波の進む方向に走ってみるとします。すると読者から見てこの波は静止して見えます。波の山も谷も形を変えずにじっとしています。右辺にある三角関数コサイン（cos）やサイン（sin）の角度になっている $(\omega t - kx)$ は位相と呼ばれていますが、波と共に走っている読者から見ると $(\omega t - kx)$ は一定の角度（位相）となっています。そして、誰もが歳を取ることからわかるように時間 t はいつも増えています。つまり ωt の値は常に増えています。位相 $(\omega t - kx)$ が一定であるということは、ωt が増える以上 kx も増えなければなりません。この場合の「一定」とは例えば

$$\omega t - kx = 5 - 3 = 6 - 4 = 7 - 5 = 2 = 一定$$

というようなことです。つまり ωt が5、6、7、と増えていくと kx も3、4、5と増えていきます。kx が増える

ということはxが増えるということであり、結局波は時間と共に必ず位置xを変えるということになります。これは波が移動していることを示します。波は静止していることは絶対にありません。ただし同一の2つの波がお互いに反対向きに移動している場合、いわゆる定常波（standing waves）という合成波ができ、一見静止しているように見えることがありますが、実際には1つ1つの波は移動しています。

振動数fはアインシュタインの式（2－1）と関係しているので粒子の持つエネルギーEに関係し、また波長λはド・ブローイの式（2－6）から粒子の持つ運動量に関係しています。このように波動関数は粒子の運動にまつわる物理量に関するすべての情報を含んでいるのです。要するに、粒子の性格が盛り込まれた、時間と空間（位置）とに依存する数学的な複素関数であるということになります。繰り返しますが（3－1）式は最も簡単な波動関数で、原子の中にある電子の波動関数などはこんな簡単な式ではなくもっとずっと複雑です。とにかく波動関数とはこのようなものです。

なお（3－1）式に見られるように、右辺の表示は系によって異なりますし、また細かいので、以後波動関数は単にΨとかψだけを使って表示します。

波動関数の物理的解釈

波動関数の物理的解釈はドイツのマックス・ボルン（Max Born 1882－1970）によって与えられました。電子ビームを使った二重スリット実験では1個の電子（あるい

は1個の光子）はスリット＃1を通過するか、あるいはスリット＃2を通過するかのどちらかです。ある特殊な装置をスリット＃1の近くに置いておくと、電子がスリット＃1を通過したのかどうかを検出することが可能です（少なくとも原理的には）。同じことがスリット＃2に対してもいえます。結局、1個の電子に対して測定後に現れるであろう電子の持つ状態は2つあることになります。1つは「スリット＃1だけを通過する状態」であり、もう1つは「スリット＃2だけを通過する状態」です。これらの量子状態はそれぞれギリシャ文字で小文字のプサイψを使って次のように表します。

$\psi(1)$＝電子がスリット＃1だけを通過する状態
（スリット＃2はふさがれている）
$\psi(2)$＝その同じ電子がスリット＃2だけを通過する状態（スリット＃1はふさがれている）

　ここで両方のスリットが開いている場合の電子の状態をΨ（大文字プサイ）と書きます。二重スリットを通過した場合、電子がどちらのスリットを通過したのかは観測しない限り分かりませんから、観測されない状態で2つのスリットが開いている場合の電子の状態をΨと書き表すということです。量子力学における粒子の波動関数というものはすべての可能な状態を含んでいるのです。ここで電子の状態は2種類しかありませんから、電子が二重スリットを通過する状態Ψ（2つのスリットは開いている）は次のように2つの状態の重ね合わせとして表されるのです。

第3章　見ようとすると消える幻の波——幽霊波

$$\Psi = \psi(1) + \psi(2) \qquad (3-2)$$

つまり1個の電子が二重スリットを通過する状態を表す波動関数Ψは、スリット#2がふさがれている状態（スリット#1だけが開いている）を表す波動関数$\psi(1)$とスリット#1がふさがれている状態（スリット#2だけが開いている）を表す波動関数$\psi(2)$との和（重ね合わせ）で表すことができるのです。これが「重ね合わせの原理」というものです。「重ね合わせの原理」に従うというのも波の特徴の1つで、波の干渉は実にこの原理の結果です。電子がスリット#1を通過するのか、それともスリット#2を通過するのか、可能性は2つしかありませんから、この場合この2つの可能性が同時に波動関数に含まれているということです。また、（3−2）式は1個の電子に対する式であるということに注意してください。

波動関数Ψやψは複素数を使って表されている（2乗してマイナスになる数iが入っている）ため、実在する波を表しているのではなく数学的な波です。

ボルンは$|\Psi|^2$や$|\psi|^2$は電子の存在確率を表すと解釈しました。位置xにおける波動関数を$\psi(x)$で表すと、$|\psi(x)|^2$は粒子がxという位置に存在する確率を表します。複素数を2乗してもプラスにならないので絶対値$|\psi|$を2乗するという細工を施したわけです。確率を表す量は必ずプラスでなければなりませんから、この細工が必要になるのです。$\psi(1)$はスリット#2がふさがれていて電子がスリット#1だけを通過する状態を表し、$\psi(2)$はスリット

#1がふさがれていて電子がスリット#2だけを通過する状態を表していますから

$|\psi(1)|^2$ =スリット#1だけが開いていて電子がスクリーンのある1点に当たる確率（スリット#2はふさがれている）

$|\psi(2)|^2$ =スリット#2だけが開いていて電子がスクリーンの同じ1点に当たる確率（スリット#1はふさがれている）

これらの確率はあくまでも電子1個に対する確率です。しかし多数の電子（例えば1兆個）がスリットを通過する場合は、これらの確率は次の一般的に定義された確率と一致します。

$|\psi(1)|^2$ =スリット#1だけが開いている場合の、電子がスクリーン上のどこにぶつかるのかという確率分布。これは図3-7の回折縞と同じになる（スリット#2はふさがれている）

$|\psi(2)|^2$ =スリット#2だけが開いている場合の、電子がスクリーン上のどこにぶつかるのかという確率分布。これも図3-7の回折縞と同じになる（スリット#1はふさがれている）

第3章 見ようとすると消える幻の波——幽霊波

では両方のスリットが開いている場合の、スクリーン上に電子が当たる分布はどうなるのでしょう？ この場合確率は加算されますから、当然

$$|\psi(1)|^2 + |\psi(2)|^2 \qquad (3-3)$$

となりますね。これでよろしいですか？ ほんとに？ よろしくないですね。なぜかって？ もしこれでよろしいのなら、2つのスリットが開いている場合の電子の分布は図3-7の回折縞を単に2つ重ね合わせたものになりますね？ その結果どうなります？ 単にスクリーン上に倍の電子が分布するに過ぎないではないですか？ しかし2つのスリットが開いている場合、スクリーン上には図3-3(89ページ)に示されているような干渉縞が現れるはずです。

2つのスリットが開いている場合の電子に対する波動関数は（3-2）式で表されています。はじめから2つの波は重なり合っているということです（重ね合わせの原理）。ですから2つのスリットが開いている場合、スクリーン上に多数の電子がぶつかる分布は$|\Psi|^2$となるので、（3-2）式から

$$|\Psi|^2 = |\psi(1) + \psi(2)|^2$$

となり、右辺を展開して次のような式を得ます。

$$|\Psi|^2 = |\psi(1)|^2 + |\psi(2)|^2$$
$$+ \psi(1)\psi^*(2) + \psi(2)\psi(1)^* \quad (3-4)$$

　これが、2つのスリットが開いている場合にスクリーン上に電子によって作られるスポットの分布となります(細かい式の意味は問わないでください)。この式と(3-3)式とを比べてみると、(3-4)式の右辺の最初の2項は(3-3)式と全く同じで回折パターンを表しますが、(3-4)式には余分の項2つ(右辺最後の2つの項)がついています。これこそ干渉を表すのです。この2つの余分の項はプラスになったりマイナスになったりします。その結果(3-4)式全体はスクリーン上で場所によってゼロをもたらすのです。電子はこのゼロとなる場所には当たらず、ゼロとならない場所に当たり、その結果スクリーン上に図3-3のような干渉縞が出来上がるわけです。(3-3)式では2つの回折縞が単に重なっていることを示しますが、(3-4)式は2つの回折縞が重なった上に、さらに干渉縞が重なっているのです。(3-4)式こそが図3-3に見られる干渉縞(スクリーン上の幾つものスリット像)を表す式となるのです。実際の関数、例えば(3-1)式の右辺のような関数を使って(3-4)式を計算すると、図3-3の干渉縞と一致する結果が得られます。(3-2)式を使って(3-4)式を得たのですから、以上の結果は(3-2)式の正当性を示しています。

結局、電子はどっちのスリットを通過するのか？

　電子ビームを極端に弱くして一度にたった1個の電子し

第3章　見ようとすると消える幻の波——幽霊波

か二重スリットを通過できないようにする状態を考えると、電子はスリット#1を通過したのか、それともスリット#2を通過したのかという問題にどうしても突き当たってしまいます。ここでいう電子は、粒子としての電子を意味します。

　前節では、電子の波動関数はスリット#1を通過する状態とスリット#2を通過する状態の2つが同時に重なり合っている状態を表すことを強調しました。このことを少し極端に述べてみますと、1個の電子は2つのスリットを同時に通過するということになるのです。ノーベル物理学賞を受賞した朝永振一郎博士はこの問題を英語を使って、"neither slit #1 nor slit #2"と言っています。つまり電子はスリット#1を通過したのでもなく、スリット#2を通過したのでもないということです。言い換えると個々の電子（粒子）はスリット#1とスリット#2を同時に通過しているということで、だからこそ干渉が起こるというわけです。

　これは、筆者個人の勝手な解釈になるかもしれませんが、誰も電子たちを見ていない時には（電子が観測されていない状態においては）、個々の電子は波動関数という幽霊（？）になって2つの異なった穴を同時に通過してしまうということです。波動関数は虚数（2乗してマイナスになる数）の入っている複素関数で、観測不可能な代物であるために「幽霊波」と言ってもよいでしょう。これはちょうどコイン（硬貨）を手で隠して「表か、裏か」と言う場合に似ています。「常識的解釈」においてはコインは手で覆われていても（見えなくても）表か裏かはすでに決まっ

ています。ただ情報不足のために私たちには分からないだけのことです。しかし「量子力学的解釈」に従えば、コインが手で覆われている時は（観測されていない時は）表の状態と裏の状態が同時に重なり合っているということになるのです。ということは表の状態も裏の状態も波動関数で表せるということにもなります。

　二重スリット実験においてスリットを通過している電子を私たちは見ていません（観測されていない。第一、電子は目に見えない）。私たちに見えるのはスクリーン上に現れた干渉縞のみです。干渉縞をよく見るとたくさんの小さなスポット（点）で出来上がっていることが分かります。小さなスポットは粒子がスクリーンに当たらない限り出来るものではありません（96ページ図3-6参照）。波がスクリーン上に小さなスポットを残せるはずがありません。つまり電子はスクリーンに当たる時は現実の粒子として当たり、幽霊（波動関数）ではなくなっています。しかしスクリーン上の電子の当たる場所は波動関数の干渉に左右されます。

　結局、電子を見ていない時は電子は波動関数になっており、電子を見たとたんに波動関数は消滅してしまうのです。波動関数は「見ようとすると消える幻の波」です。

　粒子の状態を表す波動関数には普通の波と同じようにちゃんと振動数も入っています。いかなる波も必ず振動数を持っているということを思い起こしてください。振動の伝播が波となるからです。波には振動する「何か」があるのです。では電子の物理状態を表す波動関数に振動数が入っているということは、いったい何が振動しているというの

第3章 見ようとすると消える幻の波──幽霊波

でしょう？ 電子自身が振動しているということなのでしょうか？ 違います。では何が……？ 誰にも分かりません。これも波動関数が「幽霊波」である理由になっています。ただ波を数学的に表したに過ぎないのです。

波動関数がもたらす回折縞や干渉縞を見ることはできても、波動関数そのものを見ることはできません。したがって「電子は波として振る舞う」ということを簡単に解釈しない方がよさそうですね。でもこの話、おかしいと思いませんか？ だって人が見ていない時は波、見ている時は粒子であるということは、もしこの世に人間が存在していなかったらどうなるのでしょう？ 人間のいない世界ではすべては波であるということになるのでしょうか？ しかもこれらの波は「幽霊波」(ghost waves) なのです。この点は大変むずかしい問題で「量子力学の解釈問題」と呼ばれています。

さて、二重スリット実験において、図3-3のようにスクリーン上にすでに干渉縞が現れているものとしましょう。今スリット#1とスリット#2のそれぞれのごく近くに非常に精巧な電子検出装置を設置します。この装置は電子を粒子として検出するものです。もし装置がどの電子とは限らずに電子が間違いなくスリット#1を通過したことを確認したとしたら、電子は粒子としてスリット#1を通過したことになるので干渉は不可能となり、検出器が電子がスリット#1を通過したと確認した途端スクリーン上の規則正しい干渉縞は消えてしまいます。同じことがスリット#2についても言えます。干渉縞は消えてもスクリーンには電子がぶつかります。

個々の電子がスリット#1か、スリット#2か、どちらかのスリットを通過するのであれば、スクリーン上に干渉縞は出来なくなります。朝永博士はこのことも英語で、"either slit #1 or slit #2"と言っています。結局"either or"だと干渉縞は生じず、"neither nor"の時にだけ干渉縞が生じるということです。

　今までの議論はそっくりそのまま光子にも当てはまります。ただ光子に対する波動関数は電子に対する波動関数とは異なり、何が振動しているのかが分かっています。電磁波は電場と磁場という「場」が振動してその振動が空間を光の速さで伝わっていきます。しかし場は物体ではないということを考えると、電磁波も実体のない波といえましょう。

　ところで図3-3に示されているレーザー光線を使った二重スリット実験は簡単ですが、電子ビーム（あるいは電子線）を使った二重スリット実験は技術的困難が伴うため、長い間実現されていませんでした。電子ビームを使った二重スリット実験を初めて成功させたのは日本の外村彰博士（1942—）です（96ページ図3-6参照）。この実験に関する外村博士の論文は1989年に発表されています。

第4章
幽霊の出所は波動方程式だ

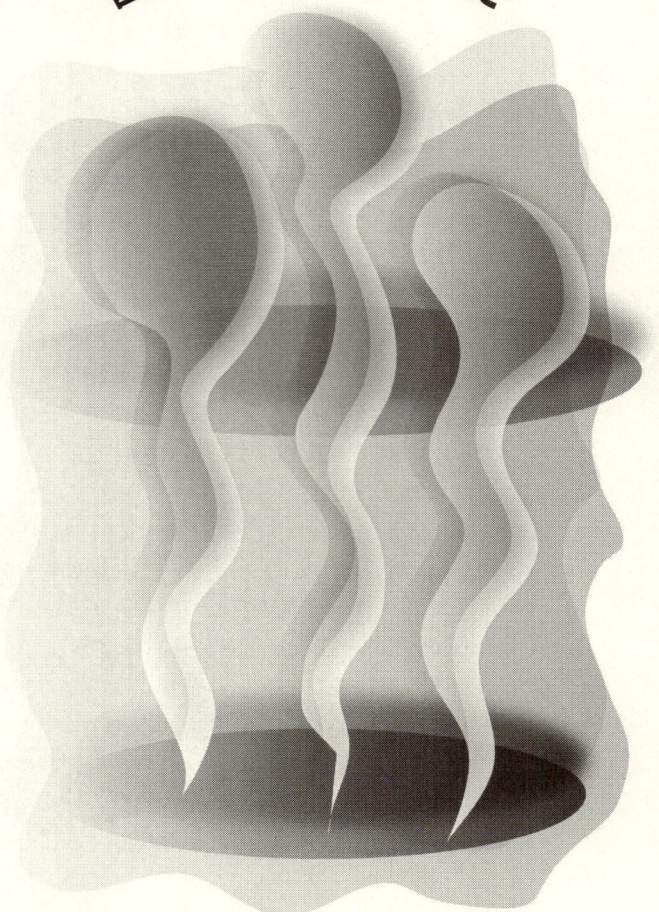

前章では「幽霊波」である波動関数を紹介しました。でもこの波動関数の出所は？　なぜ波動関数は幽霊になってしまうのでしょうか？

波動方程式──シュレーディンガーの式

一般に波というものはある種の「波動方程式」(wave equation) と称される微分方程式を満足します。「満足する」という意味は、波というものは波動方程式を解くことによって得られるということなのです。ピンと張った糸に伝わる波などは古典波動方程式を満足し、また電磁波は電磁波方程式という波動方程式を満足します。歴史的に見ると、この電磁波方程式から光は電磁波であるということが分かったのです。

ド・ブローイは電子波を予言しました。電子波の存在はデビッソン、ジャーマー、トムソン、菊池らの物理学者達によって実験的に裏付けられ、ド・ブローイの予言はみごとに的中しました。電子のみならず、極微の粒子はことごとく波として振る舞うのです。

波が波動関数を満足するのなら、電子波はいったいどんな波動方程式を満足するのでしょうか？　この疑問を投げかけたのがオーストリアの物理学者エルヴィン・シュレーディンガー (Erwin Schrödinger 1887—1961) でした。シュレーディンガーは、電子が波として振る舞うのなら、それに対する波動方程式はアインシュタインの関係式（2—1）とド・ブローイの関係式（2—6）の2つを同時に満たさなければならない、と考えたのです。読者の便宜を図ってここにもう一度この2つの関係式を再現してみましょ

う。ここは第4章ですので、2つの式に改めて新しい番号を付け直します。

　　　アインシュタインの関係式　$E = hf$　　　（4－1）
　　　ド・ブロイの関係式　　　　$\lambda = h/mv$　（4－2）

　ここに h はプランクの定数、E はエネルギー、f は振動数、λ は波長、m は質量、v は速度です。さらに（4－2）式の分母にある mv は運動量を表します。これらはすべて電子に関する量です（電子でなくてもよいのですが）。元々（4－1）式は光子の持つエネルギーに対して与えられたものですが、電子が波として振る舞うと振動数 f を持つようになるため、電子にも適用されるのです。（4－1）式は電子の持つ全エネルギーを表します。エネルギーや運動量は粒子の性質を表しますが振動数や波長は徹底的に波の性質（波動性）を表します。粒子と波との相互関係はプランクの定数 h を仲介にして表されています。シュレーディンガーはこの2つの関係式と光学の理論、およびハミルトン＝ヤコビの式（Hamilton-Jacobi equation）を駆使していわゆる「シュレーディンガーの波動方程式」を得たのです。念のために質量 m を持つ粒子に対するシュレーディンガーの式をここに披露しておきます。

$$-\frac{\hbar^2}{2m}\nabla^2\Psi + U\Psi = i\hbar\frac{\partial \Psi}{\partial t} \qquad (4-3)$$

　　　ただし　$i = \sqrt{-1}$

この方程式を解くと波動関数Ψが得られるのです。

ここに$\hbar$（エイチバーと読む）が入っていますが、これはプランクの定数hを2πで割ったものです。すなわち

$$\hbar = h/2\pi$$

です。また記号∇^2は空間座標（x, y, z）についての2階の微分を表しています。念のためにここに∇^2を書き表しておきます。

$$\nabla^2 = \frac{\partial^2}{\partial x^2} + \frac{\partial^2}{\partial y^2} + \frac{\partial^2}{\partial z^2}$$

これは位置をほんの少し（1億分の1センチメートルぐらい？）ずらしたら波動関数はどれほど変化し、そして位置のずれに対する波動関数の変化の割合（変化率）のさらに位置に対する変化率（つまり微分を2回施すということ）がどれほどになるのかを表す「微分演算子」というものです。しかし実際の波動方程式では∇^2は（x, y, z）の代わりに極座標（r, θ, ϕ）(123ページ図4-1参照)を用いて表されており、大変複雑な形になりますので、興味のある読者は量子力学の教科書を参照してください。

また（4-3）式にはUという文字が入っています。Uはポテンシャル・エネルギーを表します。ポテンシャル・エネルギーというものは説明がなかなかやっかいな代物です。バネを縮めるとバネにはエネルギーが貯えられます。したがってよく教科書には「ポテンシャル・エネルギーと

は貯えられたエネルギーである」という表現を見受けます。確かにそのとおりなのですが、素粒子を扱うポテンシャル・エネルギーの場合はただ単に「貯えられたエネルギー」ではちょっと説明不足で、もう少し専門的な言い方をしなければなりません。素粒子が「場」（電場とか磁場とか、あるいは他の力の場）の存在する空間に置かれるとその粒子が場と反応します。化学反応でもなんでもおよそ「反応」にはエネルギーが伴います。この粒子と場との反応エネルギーのことをポテンシャル・エネルギーというのです。電子（マイナス電荷）と電場の反応エネルギーは電気ポテンシャル・エネルギーとなります。したがって何の場も存在しない空間に粒子が置かれた場合、ポテンシャル・エネルギーはゼロとなります。シュレーディンガーの波動方程式には必ずポテンシャル・エネルギー U（ゼロの場合も含む）が入っています。

（4－3）式の左辺では波動関数 Ψ が位置座標（x, y, z）に関して2回微分されていますが、右辺では Ψ が時間 t に関してただ1回だけ微分されていることに注目してください。

アインシュタインの式（4－1）により、粒子のエネルギー E（粒子性）は振動数 f（波動性）に比例し振動数が高いほど（速く振動するほど）エネルギーは高くなります。またド・ブローイの式（4－2）により粒子の運動量 mv（粒子性）は波長 λ（波動性）に逆比例し、運動量の大きい（破壊力の大きい）粒子ほど波長は短くなります。このように（4－1）式と（4－2）式を通して粒子の性格を波の方程式に盛り込んで出来上がったのがシュレーディンガ

ーの波動方程式です。

実体のない波、波動関数

シュレーディンガーの式（4－3）を解くと電子波Ψが得られます。このΨが電子の波動関数となるのです。結局、波動関数はシュレーディンガーの波動方程式を解くことによって得られるということになります。シュレーディンガーの波動方程式は、場所（x, y, z）と時間tが変わる（時間は確実に変わります）と波動関数Ψがどのように変化していくのかを決める方程式です。

ところでここで大変奇妙なことが起こっているのです。シュレーディンガーの方程式を解いて得られる波動に必ず虚数$\sqrt{-1}$が入ってくるということです。波動関数Ψにこの虚数が入り込まない限り、アインシュタインの関係式（4－1）とド・ブローイの関係式（4－2）が同時に満足されないのです。虚数の入っている関数は複素関数と呼ばれていますので波動関数は複素関数となります。虚数の入っている波動関数は観測不可能です。これが「幽霊波」と言われるゆえんです。

もうひとつ奇異なことは、波は「振動が伝わる現象である」ということを思い起こしてみると、電子波（電子の波動関数）はいったい何が振動しているのか（何が揺さぶられているのか）わからないということです。およそ波というものは空間に広がりをもって存在します。電子は点粒子で空間に広がりなど持っていませんから電子自身が振動する現象が電子波なのではありません！　では何が振動して出来るのが電子波なのでしょうか？　誰にも分かりませ

ん。波動関数は電子の波動性を単に数学的に表しただけに過ぎず、実体のない波ということができましょう。しかし実体のない波でも二重スリット実験などの実験結果を巧妙に説明します。

幽霊波と虚数の関係

エネルギーが振動数に比例するということだけでシュレーディンガーの方程式を解いて得られる波(波動関数)に虚数が入り込むことはどうしても免れないことなのです。真空を伝播する電磁波や、ぴんと張った糸上を伝播する波、あるいは空気中を伝わる音波、これらの波は直接、間接に観測可能です。糸上を伝播する波や水面上の波などは何の測定器も使わずして直接観測できます。これらの波もそれぞれに応じる波動方程式を解くことによって得られ、したがって虚数が含まれています。102ページの(3-1)式に示されているように、波は実数部分と虚数部分(i が掛かっている項)の項の和として表されます(次の式参照)。

$$\Psi(x, t) = A\cos(x, t) + iA\sin(x, t)$$

　　　　　実数部分　　　虚数部分

　　　　　　　　　　ここに $i = \sqrt{-1}$ 　(虚数)

ここでいう波動方程式はシュレーディンガーの波動方程式とは異なるものです。しかし電磁波、糸上の波、水面上の波、音など、日常簡単に観測できる波に関しては、その実数部分と虚数部分を完全に切り離すことができ、それぞれ独立に元の波動方程式を満足するのです。ですから実数

部分だけを取り出して波動関数としても全く差し支えなく、その波動関数は実際観測される波を表します。

ところがシュレーディンガーの波動方程式から出てくる波は、実数部分と虚数部分を互いに引き離すことはできないようになっているのです。なぜなら実数部分と虚数部分はそれぞれ独立には元のシュレーディンガーの方程式を満足しないからです。実数部分と虚数部分とが結合された波（波動関数）だけがシュレーディンガーの方程式を満足するのです。この波動方程式はそのような構造になっているのです（空間座標に対して2階の微分、時間に対して1階の微分）。したがって質量を有する粒子が波として振る舞う時、その波を表す波動関数には必ず虚数が入っています。虚数を取り外すと量子条件の1つである$E = hf$を満足しなくなってしまうのです。虚数は実在しない数です。実在しない数の入っている波など、いったいどうやって観測できるというのでしょう？　無理な話です。

しかし虚数が入っていても、その波は回折現象や干渉現象を起こします。物質粒子（質量を持つ粒子）に対する波は物質波（matter waves）と呼ばれています。また、観測できないけれど観測に関わる確率を表すので「確率波」とも呼ばれています。物質波あるいは確率波は観測できないばかりか、観測しようとすると変化したり消滅したりします。元々見えないものが消滅するとはおかしな言い方ですが、消滅して、観測されうる何か（例えば粒子）に変容してしまうのです。この意味で物質波を幽霊波と筆者は呼んでいるのです。幽霊波は虚数の入った数式で表すしか手立てがないということになりましょうか。物質波は波では

あるけれど、観測不可能である以上、何が振動しているのか、具体的にどんな波であるのかは知る術がありません。知り得るのは、虚数の入った物質波を使って粒子の存在確率に代表される確率を計算できるということです。また物質波を使ってスクリーン上に現れる回折縞や干渉縞の明るさも計算できます。

シュレーディンガーの波動方程式はどんな場合でも紙と鉛筆だけを使って解けるとは限りません。否、ほとんどの場合、紙と鉛筆だけでは歯が立たないのです。そのような場合、仕方ありませんからコンピュータの使用となります。

再び水素原子

シュレーディンガーは自分の方程式を水素原子に当てはめて解いてみました。するときわめて幸運なことに、紙と鉛筆だけで正確に解くことができたのです。シュレーディンガーの方程式は波動方程式ですから、それを水素原子に当てはめるということは、水素原子内の電子はすでに波として扱われていることになります。

水素原子はたった2つの粒子だけで構成されています。電気的にプラスに帯電した陽子1個とマイナスに帯電した電子1個です。陽子の持つ電荷と電子の持つ電荷は全く同じですが、陽子はプラスで電子はマイナスであるために水素原子の正味の電荷はプラスとマイナスが相殺されてゼロとなります。つまり水素原子全体としては電気的に中性です。水素原子において電子と陽子が離れ離れにならないのはプラスとマイナスの電荷の間に働く電気引力（クーロン力という）のおかげです。符号の違い以外は陽子と電子の

電荷の量は同じですが、質量となると両者は桁違いです。陽子の質量は電子の質量の1836倍もあるのです！　これはどえらい差です。あなたの体重の1836倍はどのくらいになりますか？　今すぐ計算してごらんなさい。これがために質量の軽い電子が質量の重い陽子の周りを回ることになるのです。

　電子と陽子との間に作用する電気引力によって両者の間にはマイナスのポテンシャル・エネルギーが生じます。この場合のポテンシャル・エネルギーとは、電子と陽子の間に電気引力によって生ずる反応エネルギーの量です。さらにこれは陽子がその周りの空間に電場を作り出し、電子がその場と反応することによって発生するエネルギーです。したがってポテンシャル・エネルギーは水素原子全体に貯えられているエネルギーということになります。

　シュレーディンガーの波動方程式を水素原子に当てはめるということは電子と陽子との間に作用するポテンシャル・エネルギーをシュレーディンガーの方程式に組み込んでやるということなのです。さらに陽子の質量が電子のそれの1836倍もあるということから、陽子が静止していて電子だけが陽子の周りを動いていると考えられるのです。115ページ（4−3）式で与えられているシュレーディンガーの方程式は次のような「構成」になっています。

　　（左辺）電子の運動エネルギー
　　　　　　＋ポテンシャル・エネルギー
　＝（右辺）水素原子全体のエネルギー

第4章 幽霊の出所は波動方程式だ

　水素原子の形が仮に球形と考えると、(4-3)式で与えられているシュレーディンガーの方程式は3次元空間で表されています。私たちの住んでいる空間は3次元ですが、なぜ3次元でなければならないのかは、まだよく分かっていません（3次元でなければ人類が発生しなかったのかもしれません）。

　3次元空間で電子が陽子の周りを回っていると電子は運動エネルギーを持ち、さらに電子（マイナス電荷）と陽子（プラス電荷）の間の電気引力によって生じる電気ポテンシャル・エネルギーがあるため、水素原子全体はエネルギーを内蔵します（図4-1）。

　しかしエネルギーだけを表示しても、あまりにも漠然としていて水素原子の物理状態を把握することはできません。「電子が陽子の周りをぐるぐる回っている」ということはそれに対応する（回るということを表すための）何ら

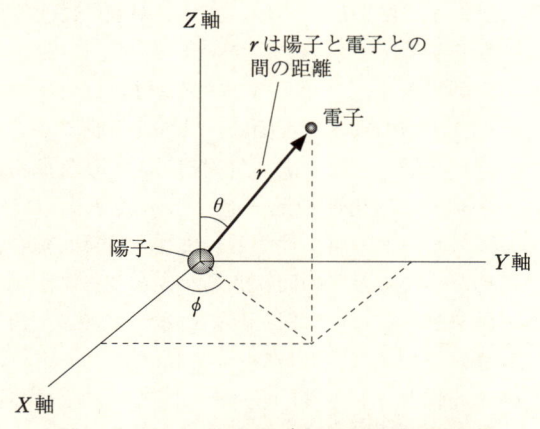

図4-1　3次元空間（直交座標と極座標）

かの物理量があるはずです。そのような物理量は「角運動量」と呼ばれています。もし電子が陽子の周りを円運動しているとすると、電子の持つ角運動量は円の半径 r と運動量 mv の積で表されます。m は電子の質量、v は電子の速度です。さらに r は電子と陽子の間の距離を表しています。角運動量を L を使って表示すると、角運動量は次のように表されます。

$$\text{角運動量} \quad L = mvr \quad (4-4)$$

　回転運動、自転運動、円運動あるいは楕円運動などをしている物体は必ず「角運動量」(angular momentum) という物理量を持っています。もっと厳密にいうと等速直進運動している物体でさえも、ある固定された点に対しては角運動量を持っています。角運動量はベクトル量であり、その方向は右ネジ法則に従って、右ネジが回転によって進む方向となります。

　なぜ角運動量などというものを考えなければいけないのかというと、1つの大きな理由は、外部から何らかの回転力(トルク)が加わらない限り角運動量という量は必ず保存されるからです(角運動量一定)。くるくる回っているフィギュアスケーター(女性だとしましょう)が腕を伸ばしたり縮めたりするとその回転速度が変わりますが、それは彼女の角運動量が一定に保たれているからです(角運動量が保存されている)。単独のフィギュアスケーターに外部から何の回転力(トルク)も加わってないことは自明でしょう。腕を伸ばしても縮めても彼女の角運動量は変化し

ません。これは（4−4）式からもある程度説明ができます。（4−4）式でmを両手の質量とし、rを手と彼女の体の中心部を通る回転軸からの距離とし、またvを手の速度とします。この場合、手が円運動しているとみなすとvは円の接線方向の速度となります。

　角運動量が保存されるということは（4−4）式でのmvrが一定に保たれるということです。腕を伸ばすとrの値が増えます。しかしmvrを同じ値に保つためには手の速度vが減少しなければなりません。結果として回転速度が減少することになります。逆に腕を縮めるとrの値が減るのでmvrを同じ値に維持するためには手の速度vが増加しなくてはならず、速く回転することになります。この説明は厳密ではありませんが、厳密な説明でもフィギュアスケーターの腕の伸び縮みによってなぜ回転速度が変わるのかは「角運動量保存の法則」のみによって説明されうるのです。

　また台所の「流し」に大量の水を入れると水は流しの穴に向かって流れていきます。この時水は渦状になって穴に近づいていきます。今その水を頭の中だけで細かく分けてみましょう。水の各部分はそれ相当の質量を持っています。水の各部分は回転運動（ほぼ円運動）しながら穴に近づいていきます。穴に近づくにしたがって各部分の水は速く回転します。なぜ穴に近づくと回転が速くなるのかは「角運動量保存の法則」を使って説明ができます。ただしこの場合に注意することは、水に働く重力は水に回転力を及ぼすことがないので角運動量は重力が作用していても保存されるということです。（4−4）式においてmは各部

分の水の質量を表し、rはその水の穴からの距離、そしてvは水の速度(円の接線方向)を表します。角運動量が保存されるということは、水が穴に近づいていってもmvrが変化しないということです。水が穴に近づくとrが減少します。それでもなおmvrを同じ値に保つためには水の速度vが大きくならねばなりません。つまり水が穴に近づくと速く回転することになります。

水素原子の場合でも、その重心が陽子の位置にあるとすると、電子の角運動量は陽子の位置に対して定義され保存されます。角運動量がその意義を発揮できるのは保存される時なのです。角運動量が保存されるので、水素原子で電子が陽子に近づくとますます速く回転します。この場合も電子と陽子との間に作用する電気引力は中心力となるため電子に回転力(トルク)を与えることはなく、角運動量は保存されます。このように角運動量なくしていかなる回転運動も語ることはできないのです。

さて、今述べたように角運動量Lは方向を持つベクトル量で、その方向は右ネジが進む方向と定義されます。しかし「方向」といっても何に対しての方向か、何か基準が必要となってきます。宇宙空間に行ってみて、もし近くに何もなく星も見えないし重力も全く感じなかったら、どっちの方向が上なのか下なのか、どっちの方向が東か西か、北か南か、皆目見当がつかないでしょう。このような場合、勝手に決めた直角座標系のZ軸の方向を基準に取ることができます。角運動量ベクトルLがZ軸からどのくらいの角度になっているかを知ることによって角運動量の方向を指定できるのです(図4-2参照)。

第4章　幽霊の出所は波動方程式だ

　図4-2では電子の持つ角運動量ベクトル**L**は矢で示されています。角運動量の方向は誰が決めるのでしょう？　それはもう少し待ってください。矢の長さが角運動量の値（数値）となっています。この値は（4―4）式から得られます。すなわち矢の長さはmvrです。ここで今、図4-2の右の方から平行光線を角運動量の矢に当ててみます。するとZ軸には矢の影ができます。このZ軸上の矢の影の長さが角運動量のZ成分といわれるものです。角運動量のZ軸からの角度によってZ軸上の影の長さは異なってきます。ですからZ軸上の影の長さを知ることによって角度が逆算でき、したがって角運動量**L**の方向が分かるわけです。でも何のために角運動量のZ成分なんてものを考える必要があるのでしょう？

　コの字形になっている大きな磁石のN極とS極との間隙の空間には磁場（magnetic field）が発生しています。磁場はN極からS極に向かうような方向を持っています（次ページ図4-3参照）。この磁場内に別の小型の磁石を置く

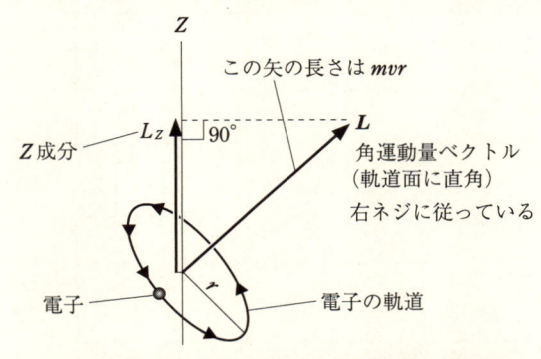

図4-2　角運動量Lの方向は電子の軌道面と直角を成す

と小型の磁石は磁場と反応して回転したりしますが、しまいにはS極かN極かにくっついてしまいます。

水素原子の場合も、磁場のある空間に置かれた場合、電荷を持った電子がその角運動量のために磁場と反応し水素原子のエネルギーに変化をもたらします。このエネルギー変化は電子の角運動量ベクトルが磁場の方向からどれほど傾いているかにより異なります。したがってこのような場合、Z軸は磁場の方向（N極からS極に向かう方向）に定めます。すると水素原子が磁場と反応することによって起こるエネルギー変化は電子の角運動量のZ成分の大きさに関係してきます。その意味で電子の角運動量のZ成分は極めて重要な物理量となります。

シュレーディンガーの波動方程式を水素原子に当てはめるにはまず適当な座標系を設定しなければなりません。水素原子の陽子の位置を座標原点に選びます（注：もっと正確な結果を得るには座標原点を電子と陽子間の重心に置かねばなりませんが、陽子の質量が電子の質量の1836倍もあ

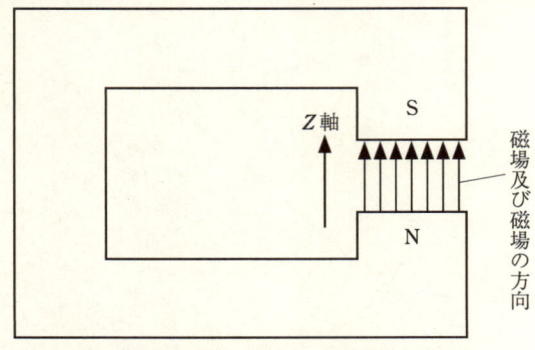

図4-3　コの字形磁石における磁場の方向

るために重心の位置と陽子の位置はあまり変わりません)。すると座標原点の周りを電子が回ることになります(図4-1参照)。陽子が静止している場合、水素原子の全エネルギーは電子の運動エネルギーと陽子-電子間のポテンシャル・エネルギーの和になります。

このような設定のもとに得られた水素原子に対するシュレーディンガーの波動方程式は次のようになります。

$$-\frac{\hbar^2}{2m}\nabla^2\Psi-\frac{e^2}{r}\Psi=i\hbar\frac{\partial\Psi}{\partial t} \qquad (4-5)$$

ここで e =電荷

電子も陽子も同じ電荷を持つので $e\times e=e^2$ となります。ここで $-e^2/r$ は水素原子のポテンシャル・エネルギーを表し、r は電子と陽子の間の距離を表します。(4-3)式で U を $-e^2/r$ に置き換えたのが(4-5)式です。(4-5)式のシュレーディンガーの波動方程式には空間座標での2階の微分演算子 ∇^2 が入っていますが、これを123ページの図4-1に示されている極座標(r, θ, ϕ)で表すと、そこには角運動量に対する微分演算子が盛り込まれていることが分かるのです。言い換えると(4-5)式で示されたシュレーディンガーの波動方程式にはすでに角運動量が盛り込まれているということです。つまり角運動量は微分演算子として表されているのです。この場合の角運動量は軌道角運動量(orbital angular momentum)と呼ばれています。さらに電子と陽子の間に働く電気引力(クーロン力)の方向が電子と陽子を結ぶ直線上にあるために、

この電気力は電子に何の回転力（トルク）も与えず、したがって水素原子の軌道角運動量が保存されます。角運動量が保存される限り、シュレーディンガーの方程式はエネルギーのみに関する方程式と軌道角運動量に関する方程式の2つに分離されるのです。したがってシュレーディンガーの方程式の解はこの2つの方程式の解の積として表されます。これが波動関数（電子に対する波）Ψとなります。

しかし水素原子にマッチした完全な波動関数を得るには波動関数に「境界条件」（boundary conditions）というものを課さねばなりません。境界条件とは物理的条件で、水素原子の場合、波動関数は水素原子の領域の中だけに存在し、水素原子の外側では消滅しなければならないというものです。もっと厳密にいうと123ページの図4-1でrをどんどん大きくしていくと波動関数Ψは急激に減衰していかねばならず、rを無限大にすると波動関数は完全にゼロとならなければならないということです。これが1つの境界条件です。

もう1つ（正確にはもう2つ）の境界条件は、水素原子がZ軸の周りを360度回転しても波動関数は何の影響も受けず元のままであるということです（もう1つの境界条件は大変ややこしいので割愛します）。

これら3つの境界条件を波動関数に盛り込むと、水素原子のエネルギーも軌道角運動量も量子化され、それらは連続的に変化することは許されず、飛び飛びにしか変化できないという結果が出てくるのです。つまりエネルギーも軌道角運動量も量子化されているのです。

陽子の質量が電子の質量の1836倍もあるので、水素原子

の重心はほぼ陽子のある場所に位置します。つまり陽子は常に静止しているとみなすことができます。したがって波動関数は電子に対する波動関数となり、また角運動量は電子の軌道角運動量となります。結局、波動関数に境界条件を当てはめることによって、水素原子のエネルギーも軌道角運動量も量子化され、飛び飛びにしか変化できないという結論に達するのです。軌道角運動量の場合はそれがベクトル量であるがために、その値（数量）が飛び飛びに変化するだけではなく、その方向（127ページ図4-2参照）も飛び飛びに変化します。角運動量ベクトルの方向が飛び飛びに変化するということは、そのZ成分L_zの値が飛び飛びに変化するということにもなります。

　ここで注意することは、エネルギーや軌道角運動量の量子化は、電子を粒子としてではなく波（波動関数）として扱ったからこそ生じたものであるということです。つまり「波」と「量子化」は切っても切れぬ縁にあるということになります。ここがボーアの水素原子モデルとは大いに異なるところです。ボーアの理論では電子は徹底的に粒子として扱われています。ボーアは飛び飛びのエネルギーということを念頭に置いていたために、電子を粒子として扱ってその軌道角運動量を量子化したのです。しかしボーアの理論ではこの量子化は自然に現れたものではありません。

「量子化」を表す量子数

　水素原子においてそのエネルギーと軌道角運動量は量子化され飛び飛びにしか変化できないことが分かりましたが、この「飛び飛びに変化する」ということ自体が大変意

味深いことなのです。どういうことかというと「飛び飛びに変化する」ということは、129ページの（4－5）式で表されたシュレーディンガーの波動方程式を解くと、1つのエネルギー、1つの軌道角運動量だけではなく、色々と異なったエネルギー、色々な異なった角運動量が出てくるということを意味するのです。

このエネルギーや角運動量が「飛び飛びに変化する」ということを具体的にはどう表せばよいのでしょう。例えば最小エネルギーをE_0として表すとき、Eの値が飛び飛びに変化することは nE_0 と表します。ここにnは1，2，3，4，5，……のように変化し何の単位も持っていない単なる整数です。すると「量子化された」エネルギーEはE_0，$2E_0$，$3E_0$，$4E_0$，$5E_0$，……のように飛び飛びに変化することになります。$6.76E_0$などというエネルギーは許されないのです。$6E_0$と$7E_0$の間のエネルギーは全く存在しないということです。以上はあくまでも「例えば」の話で、後で見るように水素原子のエネルギーなどはE_0/n^2という形になっています。このように物理量が飛び飛びに変化する、すなわち「量子化」されているということを具体的に表現するために用いられる整数（この場合n）のことを「量子数」（quantum numbers）と呼びます。

もっとも、後で紹介する電子のスピンを考慮すると、量子数は必ずしも整数とはなりません。一般にエネルギーの飛び飛びの変化を表す量子数にはアルファベットのnを用い、軌道角運動量に対する量子数にはℓを、軌道角運動量ベクトルの方向が飛び飛びに変化することを表示する量子数にはmを用います。繰り返しますがどんな量子数でも

それは単なる「数」であって何の単位も持っていません。

量子数の醍醐味は、プランクの定数 h、電子の質量、電荷 e、などの自然定数の値が分かっている以上、136ページから141ページに示されているように量子数さえ与えてやればエネルギー、軌道角運動量、などの物理量が完全に決まってしまうということです。

シュレーディンガーの方程式に関係なく量子数は現れる

前節ではシュレーディンガーの波動方程式の解、すなわち波動関数に境界条件を課すことによって量子数が必然的に現れることを説明しました。実は量子力学においては粒子の持つ運動量、角運動量、エネルギーなどはすべて微分演算子（differential operators）で表されるので、シュレーディンガーの方程式をいじらずに軌道角運動量が量子化されることが分かったのです。例えば、x 成分の運動量 p は微分演算子として次のように表されるのです。

$$p = -i\hbar \frac{\partial}{\partial x}$$

これは x について微分をするという操作を表します。

同様に角運動量も微分演算子として表すことができるのですが、式がずっと複雑になるので、ここでは割愛します。角運動量を微分演算子として扱うと角運動量が量子化されるので角運動量の量子数 ℓ が現れるのです。ただしこれは角運動量が保存されている時のみ適用されます。水素原子内では電子と陽子の間に働く電気引力の方向は陽子と

電子を結ぶ直線上にあり、電気引力は電子に何の回転力（トルク）も与えないために、電子の軌道角運動量は確実に保存されます。角運動量が保存される限り、エネルギーと角運動量は別個に分析できるのです。このために電子の軌道角運動量はシュレーディンガーの波動方程式と全く関係なく独自の展開ができ、演算子として扱うと角運動量は量子化され量子数が出てくるのです。

スピン角運動量

後で電子自身の自転（スピン）について述べますが、およそ回転しているものは必ず角運動量を持っているので、自転の角運動量は「スピン角運動量」といって軌道角運動量と区別します。軌道角運動量の場合は波動関数に境界条件を当てはめることによって必然的に出てくるということを前節で説明しましたが、電子のスピンは固有なもので外部の物理的条件（温度、圧力など）にはいっさい左右されず一定のスピン角運動量を持ちます。つまり時間や場所や外的条件に左右されないので、電子のスピンに関する波動関数は軌道角運動量の時のように場所や時間の関数として表すことができません。ですから境界条件を適用することはできません。スピンに境界条件などというものは存在しないのです。したがってスピン角運動量に対する量子数を引き出すためには軌道角運動量の演算子による量子化と同じような手順を踏まなくてはならなくなり、すると電子のスピン角運動量に対する量子数は整数ではなく1/2となるのです。

ここで注意することは、シュレーディンガーの波動方程

式は「特殊相対性理論」の要請を満足しておらず、したがって電子のスピンやその反粒子である陽電子は繰り込まれていないということです。ですからシュレーディンガーの方程式に関する限り、「水素原子の全エネルギー」、「電子の角運動量」、「角運動量の方向」と3つの物理量だけを指定してやれば水素原子の物理状態は定まってしまうことになります。ただし、電子はすでに波として扱われているにもかかわらず、「エネルギー、角運動量、角運動量のZ成分」という物理量を保持していることになります。普通、日常生活において見られる波はエネルギーは持っていますが、角運動量は定義できません。

水素原子に対するシュレーディンガーの方程式を解くと、連続して変化することのない、飛び飛びに変化するエネルギー、角運動量、およびそのZ成分が出てきます(量子化されている)。言い換えると、取り得るすべてのエネルギー、取り得るすべての角運動量およびそのZ成分が出てくることになります。さらに言い換えると、「エネルギー」、「角運動量」、「角運動量のZ成分」と3つの量が1つのセットとなって、幾つものセットが出てくることになります。具体的には次のように書けるでしょう。

　　{エネルギー、角運動量、Z成分角運動量}　セット#1
　　{エネルギー、角運動量、Z成分角運動量}　セット#2
　　{エネルギー、角運動量、Z成分角運動量}　セット#3
　　　　　　　　　　　　⋮

「飛び飛びの値」は「量子数」によって表されます。大変耳慣れない言葉を紹介して心苦しいのですが、量子化され

たエネルギーには「主量子数」、量子化された角運動量には「軌道角運動量量子数」、そしてZ成分の角運動量には「磁気量子数」とそれぞれの量子数が与えられています。飛び飛びの値を表すのですからどの量子数も当然1，2，3，……のような整数で表されます。量子数の標準的な記号は次のように与えられています。

　　主量子数n（principal quantum number）
　　$n=1, 2, 3, 4,\cdots\cdots$　　nの取り得る最大の値は無限大

シュレーディンガーの方程式の解から得られる水素原子のエネルギーは主量子数nによって次のように表されます（マイナスの値であることに注意）。

$$E = -\left(\frac{e^2}{2a_0}\right)\frac{1}{n^2} \qquad n=1, 2, 3, \cdots\cdots 無限大まで$$

ここにa_0はボーア半径というもので、161ページに説明されています。

この式を図で表したのが図4-4です。エネルギーはnの値に依存するのでこのように飛び飛びに変化します。さらにnが分母にあるためnが無限大になるとエネルギーEはゼロとなり、電子は陽子の束縛から自由になります。ボーアの水素原子理論と同じくnの値が大きくなるほど電子の軌道は大きくなり（より外側軌道となる）、エネルギーも大きくなります（マイナスの値がよりゼロに近づく。例えばマイナス5よりマイナス2の方がゼロに近い）。

第4章 幽霊の出所は波動方程式だ

　エネルギーの式でnが分母にあるので、最も小さなnの値（$n=1$が最も内側軌道）が最もマイナスの値の大きなエネルギーとなり、最もエネルギーの低い状態を電子に与えるので、電子が$n=1$の軌道を占めている時、水素原子は最も安定な状態となります（図4-4参照）。

　なぜ量子数nはゼロからスタートせず1からスタートするのかといえば、$n=1$の軌道が最も波長の長い（最も振動数の低い）電子波を与え、これ以上波長の長い波は物理的に存在し得ないからです。したがって$n=1$よりも内側には電子の軌道は存在しないことになります。これがために水素原子はつぶれないのです。

　結局、電子が電気引力のために陽子に吸い込まれてしまわないのは、電子を波として扱ったおかげということにな

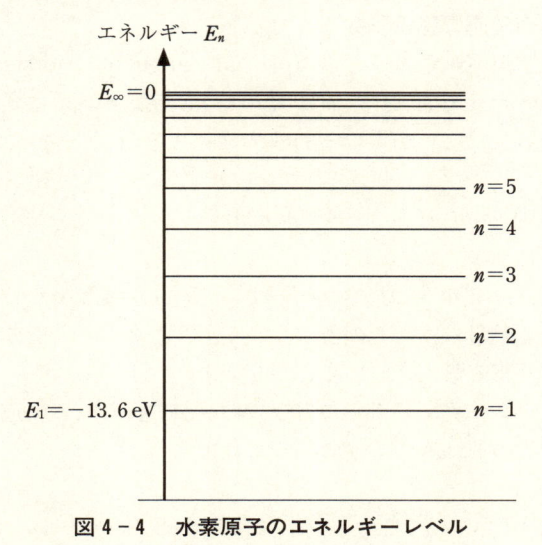

図4-4　水素原子のエネルギーレベル

ります（注：水素原子がつぶれないのは次の章で紹介する不確定性原理を使っても説明できますが、不確定性原理自体、電子が波であるということからの帰結です）。

図4-4では縦軸にエネルギーを取っていますが、横軸は何の意味もありません。いっぱい横線が引いてありますが、横線はエネルギーの高さ（レベル）を示すだけであって、その長さは何の物理的意味も持っていません。エネルギーレベルが高くなるほど、より外側の軌道を電子が占めるということになります。また、電子波の振動数 f は高くなります〔（4-1）式参照〕。このように水素原子のエネルギーは飛び飛びに変化し、量子数 n の変化が「飛び飛び変化」を表します。

軌道角運動量量子数 ℓ

軌道角運動量量子数 ℓ（orbital angular momentum quantum number）の値は次のように与えられた主量子数 n に対してゼロから $(n-1)$ まで変化する。

$$\ell = 0, 1, 2, 3, \cdots\cdots, (n-1)$$

例えば n が5の場合、$(n-1) = (5-1) = 4$ となるので軌道角運動量量子数 ℓ の値は 0、1、2、3、4 となり、ℓ の取り得る最大の値は4となります。

シュレーディンガーの方程式の解から得られる軌道角運動量 L の値は次のように与えられます。

$$L = \hbar\sqrt{\ell(\ell+1)} \qquad \ell = 0, 1, 2, 3, \cdots\cdots, (n-1)$$

このように軌道角運動量 L は ℓ の値に依存するので飛び飛びに変化します。しかし124ページの（4－4）式によれば、円運動している物体の軌道角運動量 L は mvr と表されます。ここで2つの軌道角運動量を比較してみると、$\hbar\sqrt{\ell(\ell+1)}$ と mvr で、あまりにも違うことが分かります。似ても似つかぬとはこのことです。どうしてこんなことが起きたのでしょう？

答えは簡単です。mvr はあくまでも粒子（電子）に対する軌道角運動量を表すのです。一方 $\hbar\sqrt{\ell(\ell+1)}$ は波動方程式からの帰結であり、電子を波として扱った結果です。したがって $\hbar\sqrt{\ell(\ell+1)}$ は粒子ではなく「量子」の角運動量というべきでしょう。$\hbar\sqrt{\ell(\ell+1)}$ には質量も速度も電荷も何も入っていません。つまり「粒子性」が入っていないということです。これが量子力学の1つの特徴です。しかし単位（次元）はちゃんと角運動量の単位となっていることが分かります。ℓ は量子数で何の単位も持たず、$\hbar$ は角運動量の単位を持っているからです。

磁気量子数 m

磁気量子数 m（magnetic quantum number）が変化する範囲は ℓ の値に依存し、次のように与えられます。

$$m = -\ell, -\ell+1, -\ell+2, \cdots, -2, -1, 0, +1, +2, \cdots, \ell-1, \ell$$

例えば ℓ が2の場合、m が変化する範囲は

$m=-2,-1, 0,+1,+2$　　（5つの値）

シュレーディンガーの方程式の解から角運動量のZ成分L_zは次のように与えられ、mの値に依存するため飛び飛びに変化します。

$L_z = m\hbar$

$\ell=2$の場合はmが-2から$+2$まで変化し、mは5つの違った値を取り得るのでZ成分L_zの値も5種類となります。これは$\ell=2$の場合は角運動量Lの方向が5つ存在し、電子の角運動量の方向はこの中の1つを取るという意味です（図4-5参照）。

これは角運動量ベクトルLの方向が飛び飛びに変化し、連続的に変わることはないことを物語っています。図4-2（127ページ）に示されているように、角運動量ベクトルLの方向は電子の軌道面と直角を成します。さらにこの値L_zは図4-2のZ軸上の矢の影の長さを表します。

mの値にマイナスがあるのは、図4-1（123ページ）において角運動量ベクトルがZ軸と成す角度が90度以上になり得ることを示しています（図4-5参照）。

なぜ電子の角運動量のZ成分など考える必要があるのかといいますと、例えば水素原子を磁場のある空間に置いた時、水素原子の磁場との反応の仕方が電子の角運動量の方向（つまりZ成分の値）によって異なるからです。

結局、電子の角運動量は飛び飛びに変化し、また同時に

第4章 幽霊の出所は波動方程式だ

その方向も飛び飛びに変化するということです。

ここで図4-5をもう一度ご覧ください。この図では軌道角運動量ベクトルLの方向が決してZ軸の方向に向いていません。すなわちベクトルLは決してZ軸に平行にはならないのです。したがってある特定の角運動量Lを選び出し、Z軸の上方から下に向かって平行光線を当てると座標系の$X-Y$平面上にベクトルLの影が投影されます(図4-6参照)。

このことは図4-6に見られるように角運動量ベクトルLのX成分(L_X)とY成分(L_Y)が現れることを意味します。

なぜ軌道角運動量ベクトルLの矢がZ軸に平行にならないのか(角度$θ$がゼロにならないのか)というと、この角

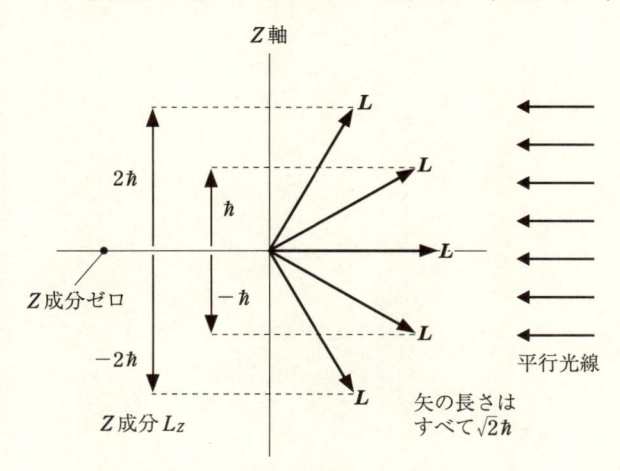

Z成分L_ZはベクトルLのZ軸上の影

図4-5 飛び飛びに変化する角運動量の方向($ℓ=2$の場合)

運動量が粒子(電子)の角運動量ではなく電子を波として扱った結果である「量子」の角運動量を表すからです。さらに量子力学的に角運動量という物理量を分析すると、大変奇妙なことが起こります。

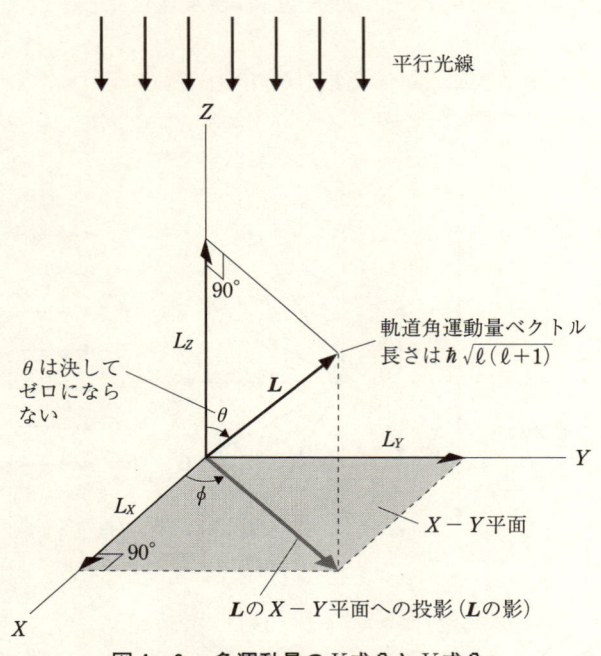

まず $L=\hbar\sqrt{\ell(\ell+1)}$ から量子数 ℓ が与えられていて角運動量ベクトルの大きさがハッキリと分かり、さらにその Z 成分 L_z もハッキリ分かっているものとします。つまり図4-6で角運動量ベクトル $\bm{L}$ の Z 軸からの角度 θ が決まっているということです。ところが、問題は X 軸から $X-$

図4-6 角運動量の X 成分と Y 成分

142

第4章 幽霊の出所は波動方程式だ

Y平面に投影されたベクトルまでの角度ϕは定まりようがないということです（角度ϕは$X-Y$平面内にあります）。つまり角度ϕはどんな値でも取り得るのです。ゼロであってもいいし、43.7度であってもいいし、238.67度であってもいいのです。このことは図4-6でベクトルLは角度θを一定にしたままZ軸の周りをぐるりと回りうることを示唆しています。そうなるとL_XとL_Yはハッキリとした値を取ることが不可能となります。つまり角運動量LのX成分L_XもY成分L_Yも全く定まらなくなるのです。結局水素原子における軌道角運動量の大きさ$\hbar\sqrt{\ell(\ell+1)}$とZ成分L_zの2つしか同時に定めることができないということです。軌道角運動量ベクトルLは決してZ軸と平行となることがないので（角度θが決してゼロとはならないので）、図4-5（141ページ）からどのLを選び出しても、全く同じことが起きます。つまり軌道角運動量の値（数値）とそのZ成分L_zの値は同時に確定されるけれど、そのX成分L_XとY成分L_Yの値は全く不確定であるということです。これは量子力学ならではの結果です。

　もし粒子（電子）を粒子として扱う場合、つまり古典力学的に扱う場合には、すべては同時に完全に確定されます。つまり角運動量L、及びその3つの成分（L_X, L_Y, L_z）は同時に確定します（同時に正確に測定できるということ）。

　ところが粒子（この場合は電子）を量子力学的に扱うと（電子を波として扱うと）、上に説明したように角運動量の大きさ$\hbar\sqrt{\ell(\ell+1)}$（図4-6でベクトルLを表す矢の長さ）とそのZ成分L_zしか同時に定まらず、残りのX成分

L_XとY成分L_Yは全然定まらないのです。しかしこんな変てこりんな性質を持っていても、量子力学上の角運動量も角運動量としての性格を持つのです。

図4-6において、もし軌道角運動量ベクトル**L**がZ軸上にあるとX-Y平面にその影が現れないので、L_XもL_Yもゼロとなってしまいます。ゼロという量は確定値なので3つの成分L_X, L_Y, L_Zはすべて確定値を持つことになりますが、このようなことは量子力学的には絶対に起こり得ません。結局、量子力学的には角運動量ベクトルを表す矢**L**が絶対にZ軸と平行にならないという理由で**L**の大きさとZ成分のL_Zだけが確定されるわけですが、これは後に述べる不確定性原理に合致することになるのです。

ここで図4-6において縦軸をX軸に選ぶと、今度は**L**とL_Xが同時に確定できるということになります。しかし一般には世界中どこの国でも縦軸をZ軸に選んでいます。

軌道角運動量Z成分L_Zは確かに量子化されている

磁石は磁気を帯びていますが、いったい磁気とは何に由来するのでしょうか？　それは電荷の運動に由来するのです。電線に流れている電流は電線内の自由電子の持つ電荷の移動そのものです。したがって電流が流れている電線の近くには必ず磁界（もしくは磁場）が発生しています。これを利用したものが電磁石です。

水素原子では陽子の周りを電子が回っていますから（軌道運動）電荷が運動していることになり、したがって水素原子は1つの小さな磁石となっています。電子の軌道運動は軌道角運動量によって表されるので、当然水素原子の磁

第4章 幽霊の出所は波動方程式だ

石の強さは軌道角運動量によって表されます。

ガラス管に封じ込めた水素ガス(水素原子で出来ている)に高電圧をかけてやると、個々の水素原子はその電圧からエネルギーを受け取り、光を発します。この光を分光器を通して観察すると幾つかの縦の細い明るい線(スペクトル線)が観測されます。

今、この水素ガスの入っているガラス管を磁場の存在する空間に置きます。例えばコの字形の大きな磁石のN極とS極の間です(128ページ図4-3参照)。この空間には磁場が存在しています。この磁場を外部磁界と呼びます。外部磁界の方向が縦方向(Z軸の方向)になるように大型磁石を設置します。個々の水素原子は電子の軌道運動のために磁石になっていますから外部磁界と相互作用します(磁石と磁石の相互作用)。この相互作用によって、水素ガスから発せられるスペクトル線がさらに細かく分かれることが観測されます。

電子の軌道運動によって生ずる水素原子の磁石と外部磁界との相互作用は、水素原子の軌道角運動量のZ成分L_zに比例するのです。さらに141ページの図4-5にあるように、Z成分L_zは量子化されていて飛び飛びに変化するということも思い出してください。ということは、個々の水素原子は異なったZ成分L_zを持っていることになります。そうすると水素原子の磁石は外部磁界と相互作用する時、個々に異なった相互作用をすることになり、これがスペクトル線が細かに分かれる原因です。

このことはとりもなおさず電子の軌道角運動量には確かにZ成分があり、さらにそれは量子化されているという実

験的証明になります。しかし実際にはスペクトル線の細分化はもっと複雑であり、その原因は電子が軌道角運動量ばかりでなくスピン角運動量を有しているためだということが分かったのです。

まとめてみると次のようになります。

1. 水素原子の全エネルギー E：

$$E = -\left(\frac{e^2}{2a_0}\right)\frac{1}{n^2} \qquad (4-6)$$
$n=1, 2, 3, \cdots\cdots$ 無限大

2. 電子の角運動量 L：

$$L = \hbar\sqrt{\ell(\ell+1)} \qquad (4-7)$$
$\ell = 0, 1, 2, 3, 4, \cdots\cdots, (n-1)$

3. 電子の角運動量のZ成分 L_z：

$$L_z = m\hbar \qquad (4-8)$$
$m = -\ell, -\ell+1, -\ell+2, \cdots\cdots, -1, 0, 1, 2, \cdots\cdots, \ell-1, \ell$

以上のことから、例えば $n=3$、$\ell=2$、$m=1$ のように3つの量子数 n, ℓ, m が与えられれば、エネルギー、角運動量、角運動量の方向、すべては完全に決まってしまいます。つまり｛エネルギー、角運動量、角運動量の方向｝と1つのセットが決まります。

第4章 幽霊の出所は波動方程式だ

　上の3つの式（4－6）、（4－7）、（4－8）のすべてにはプランクの定数hを2πで割った$\hbar$（エイチバー）が入っています〔161ページで詳しく説明していますが、（4－6）式のa_0はボーア半径と呼ばれ、$a_0 = \hbar^2/me^2$で表されます〕。

　このように水素原子においては、物理量のセットが幾つも現れ、1つのセットは水素原子の1つの「量子状態」（quantum state）を表します。1つの量子状態は波動関数によって表され、1組のセット（n, ℓ, m）に対して水素原子の波動関数は次のような形で与えられます。

$$\Psi_{n\ell m}(r,\theta,\phi,t) = A_{n\ell}\left(\frac{2r}{na_0}\right)^\ell e^{-r/na_0} L_{n+1}^{2\ell+1}\left(\frac{2r}{na_0}\right) Y_{\ell m}(\theta,\phi) e^{-E_n t/\hbar}$$

（4－9）

　ここで（r,θ,ϕ）は極座標系における空間の1点の位置を示すものですが、今の場合水素原子の波動関数は電子の位置に対する波を表します（図4-1参照）。異なった量子数（n,ℓ,m）のセットが幾つも存在するので（4－9）式で表された波動関数も幾つも存在することになります。（4－9）式において、例えば$n=2$, $\ell=1$, $m=1$と置いてやると（4－9）式は完全に決まった関数となります。この式は大変複雑な関数なので、以後、左辺の$\Psi_{n\ell m}$だけをもって波動関数を表すことにします。

　さてこの波動関数はいったい何を表しているのかを説明しましょう。まず前にも説明しましたように波動関数は

「幽霊波」で観測不可能な波です。ところが1926年、ドイツのマックス・ボルンによって、波動関数の2乗（実際は $|\Psi_{n\ell m}|^2$）は粒子（電子）が空間の1点（r, θ, ϕ）に存在する確率を表すことが分かったのです。$|\Psi_{n\ell m}|^2$ には虚数が入っていない上に、常にプラスの値として現れます。確率は常にプラスの値でなければなりません。

　水素原子の場合、$|\Psi_{n\ell m}|^2$ は水素原子内の各場所における電子の存在確率を示します。ここで確率というのは「観測に対する確率」のことで、観測によって電子が「あそこ、あるいはここ」に現れる確率ということです。（4―9）式を使って $|\Psi_{n\ell m}|^2$ を計算すると、電子がどこにいる確率が最も高いか、あるいはどこにいる確率が最も低いのかが分かるのです。言い換えると $|\Psi_{n\ell m}|^2$ は水素原子内における電子の位置の分布を表すことになります。

　例えばこんなふうに考えてみたらどうでしょうか。仮に立体写真を撮れるカメラがあるとします。立体カメラで水素原子を撮影します（こんなことはできませんが「仮に」です）。写真を撮るということは「観測」するということです。すると幽霊波は消えて電子は粒子として観測されますから、写真には小さなスポットとして現れます。さらに何回、いや何百万回も撮影します。最初のうちは撮るたびに違った場所にスポットが転々とまばらに現れますが、撮影回数を多くするうちに同じ場所に何回も重なって現れることもあるでしょうし、また場所によっては全くスポットが現れないでしょう。

　このようにして撮影された写真を全部重ねてみると（ネガを重ねて焼く）水素原子内での電子の存在する場所の立

第4章 幽霊の出所は波動方程式だ

体分布が現れてくるでしょう。この分布が $|\Psi_{n\ell m}|^2$ と一致するのです（図4-7参照）。ところが、この分布は (n, ℓ, m) の値によって変わってきます。それは主量子数 n と軌道角運動量量子数 ℓ が電子の軌道を決めるからです。ボーアの水素原子理論と同じように外側軌道の方が内側軌道よりも n の値が大きくなっています。

水素原子のエネルギーは、（4-6）式に従って、n が大きくなるほどゼロに近づいていって大きくなりますが、アインシュタインの関係式 $E=hf$ によれば、n が大きいということは振動数 f が大きいということになり、波がより速く振動することを意味します。しかしすでに述べたようにいったい何が振動しているかは分からないのでこの波

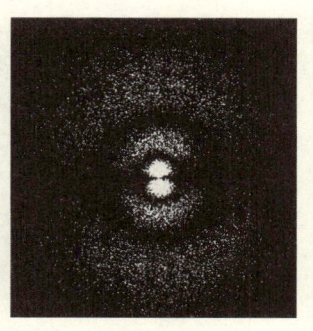

$n=3, \quad \ell=0, \quad m=0$ $\qquad\qquad n=4, \quad \ell=1, \quad m=0$

$|\Psi_{n\ell m}|^2 = |\Psi_{300}|^2$ $\qquad\qquad |\Psi_{n\ell m}|^2 = |\Psi_{410}|^2$

図4-7 水素原子内の電子の存在分布（96ページ図3-6も参照のこと）

PRINCIPLE OF MODERN PHYSICS. Figure 8-5 and figure 8-8 on pages 228 through 229 : Neil Ashby and Stanley C. Miller HOLDEN-DAY, INC, 1970

は幽霊波です。幽霊波の振動数が水素原子のエネルギーを表します〔(4-1)式参照〕。

しかしボーアの理論と違って、シュレーディンガーの方程式を解くことによって得られた軌道はもっと複雑ですので、詳しい説明は割愛させていただきます。量子数(n, ℓ, m)が変わるということは電子の軌道が変わることであり、当然水素原子内の電子の位置が変わってくるので、電子の存在分布が変わってきます。つまりエネルギー、角運動量、角運動量の方向、という水素原子の持つ3つの物理量が変わると、電子の存在分布も変わってくるということです。図4-7に(n, ℓ, m)の幾つかのセットに対する電子の存在分布 $|\Psi_{n\ell m}|^2$ を示しておきました。

さて読者の皆さん、図4-7に示されている電子の存在分布こそ水素原子の「形」を表しているとは思いませんか？ いずれの場合も電子がいったいどこにいるのかハッキリせずモヤモヤとしているので電子の存在分布のことを「電子雲」(electron cloud)と呼んでいます。しかし図4-7はあくまでも水素原子内の各点に電子が存在する確率分布であることを忘れないでください。

水素原子が全く観測されていない状態にある時は全部の(n, ℓ, m)のセットの状態、すなわちすべての波動関数が重なり合っているので、そのような場合の電子の存在分布は球対称となり、やはり水素原子は球形であるといえましょう。

通常の外部の物理状態(通常の温度、通常の気圧等)では、水素原子は最も安定な状態にあります。第2章のボーアの水素原子理論のところで説明したように、最も安定な

状態というのは最もエネルギーの低い状態です。（4—6）式から分かるように、主量子数$n=1$が最もエネルギーの低い状態（最も安定な状態）を与えるために通常の状態では量子数のセットは$n=1$、$\ell=0$、$m=0$となり、電子は角運動量を持たない状態となっています。

まとめてみますと次のように要約されます。水素原子の「状況設定」は、電子1個と陽子1個とから構成されている。電子および陽子の電荷や質量の値は分かっている。そして電子と陽子との間には電気引力が働いており、その結果、電気ポテンシャル・エネルギーが生じる。以上の設定をシュレーディンガーの波動方程式に盛り込んで方程式を解くと、波動関数が得られます。その波動関数においては、水素原子の外側では波動関数がゼロとならねばならないという条件や座標系を360度回してみても（あるいは座標を固定しておいて水素原子を360度回転させても）波動関数は変わらないという「境界条件」を満たすようにしてやると、エネルギー、角運動量、角運動量の方向が量子化され、それらは飛び飛びに変化するのです。この「飛び飛びに変化する」ことを量的に表すために「量子数n、ℓ、m」が必然的に出てきます。

このような状態は水素原子が見られていない（観測されていない）状態を表すものです。観測されていない時の水素原子内の電子は各時刻においてあちこちに同時に存在し、また水素原子は量子化された多数のエネルギー、角運動量、角運動量のZ成分を同時に保持していることになります。観測によってはじめて1つのセットの物理量が現れるのです。幽霊波である波動関数がエネルギーを持ってい

るなどというのはおかしな話ですが、たとえ幽霊であっても波である以上、波動関数は振動しています。この振動数が $E = hf$ （f は振動数）を通してエネルギーに変換されるのです。

　以上見てきたように、シュレーディンガーの波動方程式を解くことによって得られた水素原子像は、ボーアの水素原子理論によって得られた水素原子像とかなり違います。しかし、シュレーディンガーの水素原子像においても、電子が外側軌道から内側軌道に遷移する際（量子飛躍）にエネルギー変化が起こるため、やはり光子が発せられます。ボーアの量子飛躍は現在でも健在です。水素原子から量子飛躍によって発せられる光のエネルギーを測定してみると、（4－6）式を使って計算された光（光子）のエネルギーに一致するのです。

　水素原子はたった2個の粒子（電子と陽子）から成っていて、この宇宙に存在するすべての原子の中で最も単純な構造をもっています。宇宙創生時（ビッグバン）に最初に出現した原子です。その最も単純な構造の水素原子ですら、量子力学による内部構造の解明はかようにも複雑なのです。しかし電子顕微鏡も含むどんな倍率の高い顕微鏡を使っても決して見ることのできない水素原子の内部構造がシュレーディンガーの波動方程式を解くことによって（紙と鉛筆だけを使って！）みごとに解明されたということは、何とすばらしいことでしょう。

量子飛躍（クオンタム・ジャンプ）は理解困難か？

　電子がエネルギーの高い軌道からエネルギーの低い軌道

にジャンプすると、水素原子のエネルギーはその分減少するので、エネルギー保存則により、光子（フォトン）が1個放出されねばなりません。これが量子飛躍、またはクオンタム・リープ（quantum leap）とかクオンタム・ジャンプ（quantum jump）とかいわれる現象の1つですが、電子が軌道を変えている最中はどうなっているのでしょう？　そもそも電子がいつ何時ジャンプするのでしょう？　それに放出された光子はどっちの方向に向かって放出されるのでしょう？　誰もこれらの質問に答えることはできないのです。いつジャンプするか、また光子がどっちの方角に放出されるかは確率的な問題で、その確率は量子力学的な確率であり、波動関数を使ってはじめて計算できるのです。

　しかしいちばん大きな問題は（この問題にはほとんどの量子力学の本は触れていませんが）、電子がクオンタム・ジャンプしている最中はどうなっているかということです。この問題を考えるに当たって、そもそも「エネルギーが飛び飛びに変化する」とはいったいどういうことかを考えねばなりません。図4-8を見てください。この図はボールが階段を落ちてくるようすを示しています。この場合ボールが一段ずつ落ちるにつれてボールのエネルギー（運動エネルギー＋ポテンシャル・エネルギー）は飛び飛びに変化するのでしょうか？　答えは"No! never!"です。

　もしボールと階段の間の摩擦も空気との摩擦も全くないものと仮定すると、1つの段からそのすぐ下の段に落ちていく最中、ボールの総エネルギーは全く変化しません（エネルギー保存の法則による）。運動エネルギーの増大分は

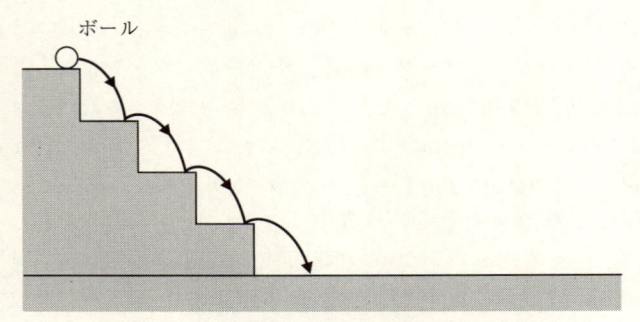

図 4 – 8　ボールが階段を落ちてくる場合

ポテンシャル・エネルギーの減少分に見合っているからです。また運動エネルギーとポテンシャル・エネルギーとを別々に考えると、ボールが階段を落ちていく最中はどちらのエネルギーも連続的に変化します。各段でボールは瞬間的にストップすることになり、これは数学的には不連続になりますが物理的には不連続にはなりません。高さも速度も連続的に変化します。(例えば、車のアクセルを踏み続けていると車のスピードは確実に連続的に増加します。どんなに急にアクセルを踏んでもスピードは連続的に変化し、時速40キロメートルから途中のスピードを飛び越えていっきに時速60キロメートルになろうはずがありません。どんなに急であっても40キロメートルから60キロメートルの間のスピードがあるはずです!)。またもし階段と空気の摩擦を考慮に入れると(摩擦はまぬがれられない!)、ボールが階段を落ちていく最中は、そのエネルギーは連続的に減少していきます。いずれにしてもこの場合ボールの運動エネルギーあるいはポテンシャル・エネルギーが飛び飛びに変化することはありません!　ボールや階段は巨視

的（マクロ的）物理系であり、巨視的な系においてはどんなエネルギーでも必ず連続的に変化します。マクロ系においては無限大でない限りどんな値のエネルギーも可能です。さらに一番高い階段の高さも自由にいかなる高さにも選べます。これはボールの全エネルギーも連続的に加減できることを意味しています。

さて図4-8は「飛び飛びのエネルギー」を説明する目的で量子力学の本によく見かける図ですが、電子などのようなミクロな粒子のエネルギーが飛び飛びに変化するということは例えばエネルギーの値が100、80、60、40、20、というように不連続（非連続）的に変化するといった場合で、すでに説明したように、例えば85.7という量のエネルギーは存在しないことを意味しています。

このようにミクロ系ではいつもどんな値のエネルギーも可能であるわけではないということはすでに説明済みですが、問題は水素原子の（水素原子ばかりではありませんが）電子が軌道を変える時、1つの軌道から他の軌道に遷移（ジャンプ）する時、その最中はどうなっているのかということです。

さっきのボールが階段を落ちる問題で、1つの階段からもう1つ下の階段に移る（ジャンプする）最中にボールの運動エネルギーは決して1つの値からいっぺんに全く別の値に変化することはないということを強調しましたが、電子が軌道を変える場合、そのエネルギーはいっぺんに変化し、ジャンプしている途中、電子のエネルギーはどうなっているのか皆目見当がつかないのです。なぜならジャンプしている最中の電子の状態はさっぱり分からないからで

す。きわめてハッキリしていることは、電子が軌道を変えるとそのエネルギーがいっぺんに変化するということだけです(徐々に連続的に変化するのではない!)。ボールが階段を落ちてくる最中の状態はよく分かりますが(途中の写真すら撮れます!)、電子が軌道を変えている最中の状態はまるで分からないのです。

　仮に原子が目に見えるものと仮定して、電子がある軌道を占めているとします。するとある時(それが何時であるのか分かりませんが)その電子は急にその軌道から消滅してしまい、他の軌道に忽然と現れる、といったような解釈が妥当かもしれません。これはもしかして空間が量子化されていることを示唆しているのかもしれません。クオンタム・リープは波動関数の数式の形が突然変化することを意味します。いずれにしてもクオンタム・リープを理解するのはむずかしいようです。ここで注意することはエネルギーが量子化される(飛び飛びに変化する)という場合の「エネルギー」は常に全エネルギー(運動エネルギーとポテンシャル・エネルギーあるいはその他のエネルギーの総和)を表すということです。シュレーディンガーは最初このクオンタム・ジャンプを極度に嫌いました。クオンタム・ジャンプは元はといえばあのニールス・ボーアのアイデアなのですが、この件に関してのシュレーディンガーとボーアの対立は有名です。しかしボーアの「クオンタム・ジャンプ」は現在でも存在しますし、この発見でボーアはノーベル物理学賞を受賞したのです。

鏡に映った幽霊とパリティ

 ここで「パリティ」というものを紹介します。ちょっと抽象的な概念でドラマチックに説明するのはむずかしいのですが、がまんして読んでいってください。最後の方ではドラマチックな展開になると思います。

 粒子に対する波動関数は時間と空間(位置)の関数ですが、ここでは話を簡素化するために時間をストップさせて、波動関数は時間の関数ではないと仮定します。幽霊は写真に撮れませんが、仮に撮れるものとすると時間がストップした波動関数は写真に写っている波動関数ということになります。写真は時間が停止したままになっています。写真に写っているあなたは絶対に年をとりませんね。場所(位置)を表す変数を x と置きます。すると波動関数は記号化して $\Psi(x)$ と表すことができます。これは位置 x が変わると波動関数 Ψ も変わることを表しているのです。一般に波動関数は x を $-x$ に置き換えても何も変化しない場合と、波動関数がひっくり返る場合との2つのケースが生じます。これは次のように書き表せます。

$$\Psi(-x) = \Psi(x) \qquad (4-10)$$
$$\Psi(-x) = -\Psi(x) \qquad (4-11)$$

 これはどういうことなのかもっと具体的に説明するために、2つの式をグラフに表しました。次ページ図4-9のAは(4-10)式に該当し、Bは(4-11)式に該当するのです。ただしどちらも「例えばのグラフ」です。いつもこのようなグラフとは限りません。

$$\Psi(-x) = \Psi(x) \qquad \Psi(-x) = -\Psi(x)$$

A　　　　　　　　　　B

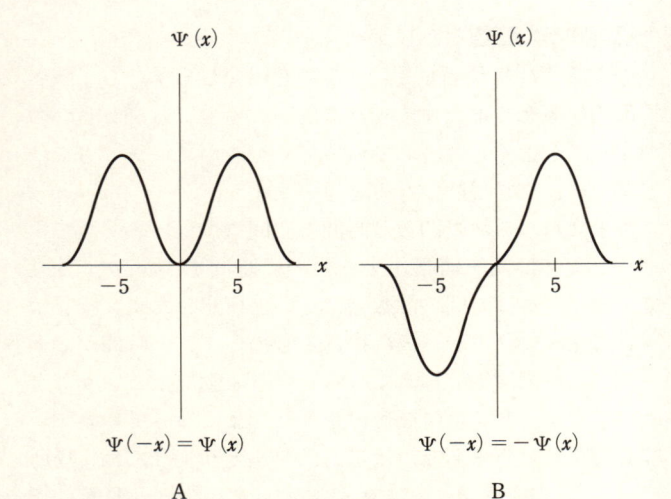

図 4 - 9　波動関数の偶関数と奇関数

　例えばAのグラフでは、横軸の x の値が5の時、縦軸の値は $\Psi(5)$ になることを示しています。また、x の値が -5 の時の縦軸の値は $\Psi(-5)$ ですが、縦軸の値はどちらもプラスで同じですから $\Psi(5) = \Psi(-5)$ となるのです。

　一方、Bのグラフでは、$x = -5$ の時の縦軸の $\Psi(-5)$ の値はマイナスになっています。しかし $\Psi(5)$ はプラスの値ですから、等式が成り立つためには

$$\Psi(-5) = -\Psi(5)$$

となり、（4－11）式に一致します。とにかく図4-9をもう一度見てください。（4－10）式（グラフA）で表されるような波動関数は偶関数（even function）といい、（4

―11）式（グラフB）で表されるような波動関数は奇関数（odd function）と呼ばれています。

さて図4-9で縦軸の真上に紙面（ページ）と直角を成すように鏡を置いてみます。そうするとAのグラフの鏡像では左半分のグラフは右半分のグラフと一致します。Bのグラフの鏡像では右半分の像を上下ひっくり返したものが左半分のグラフになっています。ここで波動関数Ψは$|\Psi|^2$においてのみ物理的意味を持ち、それは粒子の存在確率を示すものであることを思い出してください。今考えている波動関数Ψは時間を凍結していますから虚数は入っておらず、$|\Psi|$はΨと同じになります。つまり図4-9で2乗すると偶関数も奇関数もどちらもプラスになって全く同じになります。

波動関数が（4―10）式（グラフA）のように偶関数の場合、パリティ（parity 偶奇性）はプラス1であるといい、波動関数が（4―11）式（グラフB）のように奇関数の場合はパリティはマイナス1であるといいます。位置座標xを$-x$に変える操作（鏡に映す操作）のことを「パリティ操作」といいます。「いったい何が言いたいんだ？」というところでしょうが今説明します。

シュレーディンガーの波動方程式は波動関数に対しての時間と空間（位置）に関する微分方程式です〔（4―3）式参照〕。このシュレーディンガーの微分方程式および波動関数は3次元空間の座標（x, y, z）を使って表されています。3次元の波動関数にパリティ操作あるいは鏡に映す操作をする場合には3つの位置座標（x, y, z）を全部マイナスにしてやるのです。つまり

$$\begin{array}{ccc} & \text{パリティ操作} & \\ (x,\ y,\ z) & \rightarrow & (-x, -y, -z) \end{array}$$

というわけです。これは「空間反転」とも呼ばれています。

シュレーディンガーの波動方程式にあるポテンシャル・エネルギーUは、一般には位置座標$(x,\ y,\ z)$に依存します。つまりUの位置が変わるとUが変化するということです。もし空間反転してもUが全く変わらない場合、すなわち

$$U(-x, -y, -z) = U(x, y, z)$$

である場合は、シュレーディンガーの波動方程式（方程式の形）も、波動関数が偶関数であれ奇関数であれ全く元のままで変わらないことが示されるのです。これは何を意味するのかというと、鏡の中の世界と現実の世界とでは同じシュレーディンガーの波動方程式が成り立つということです。つまり、鏡の中の波動関数の変化の仕方と現実の波動関数の変化の仕方は全く区別がつかないということを意味しています。鏡に映った幽霊と現実の幽霊との区別がつかないというわけです。このことを「パリティが保存される」と言います。

波動関数の変化の仕方は粒子の物理状態の変化につながっています。したがって鏡の中の物理現象も現実世界と全く同じ物理法則通りにことが進むのです。読者は「なんか当たり前のことを相当回りくどく言っているように思える

なあ」と思われるかもしれませんね。ところが1956年、「弱い力」によって引き起こされる物理現象（例えば放射性元素のベータ崩壊）に限って鏡の中の世界は実世界の物理法則通りにいっていないことが発見されたのです。この場合パリティが保存されないと言います。現実世界の幽霊と鏡の中の幽霊は異なり、したがって区別がつくことになります。パリティ非保存に関しては粒子のスピンがきわめて重要な役割を果たしています。詳しくは拙著『はたして神は左利きか？』（ブルーバックスB1343）を参照してください。

何が水素原子の大きさを決めるのか？

1個の水素原子はうんと小さいだろうということは想像ができますが、いったいどのくらいの大きさなのでしょうか？　水素原子の大きさは測定することができるのでしょうか？　シュレーディンガーの方程式の解が大きさを決定します。詳しい計算は省略し結果だけを紹介しますが、電子が最も内側軌道（$n=1$）を占めている時の半径をa_0とすると、次のように表されます。

$$a_0 = \frac{\hbar^2}{me^2} = 5.29 \times 10^{-9} \text{cm}$$

この半径はボーア半径（Bohr radius）と呼ばれています。その長さは1億分の1センチメートル程度と、ずいぶんと小さな半径です。どうしてこんな小さなサイズになってしまったんでしょう？　それは上の式から分かるよう

に、ボーア半径が電子の質量m、電子と陽子の電荷e、プランクの定数h等に依存していて、これらの値が極めて小さく、シュレーディンガーの波動方程式（4－5）式にはすでにm、e、hが盛り込まれているからです。とはいってもこれらの値、m、e、hは理論的に導かれた値ではなく、すべて実際に測定された値ですから、それが小さいから原子が小さいという論法は、要するに自然がそうなっているから原子は小さい、と言っているに等しいでしょう。現在のところ、m、e、hの値がどうしてこのような値になっていなければならないのかは分かっていません。いずれにしても電子の質量、電子や陽子の電荷、そしてプランクの定数などが原子の大きさを決めていることになります。

　一般に電子の軌道半径$r_{n\ell}$はボーア半径a_0をつかって次のように表されます。

$$r_{n\ell} = n^2 a_0 \left\{ 1 + \frac{1}{2}\left[1 - \frac{\ell(\ell+1)}{n^2} \right] \right\}$$

　ここで57ページの図2-4にあるボーアの水素原子モデルを思い起こしてください。軌道半径$r_{n\ell}$は電子が陽子からどれほど離れているかを示します。上の式から量子数n（1，2，3，……整数）の値が大きいほど電子の軌道半径$r_{n\ell}$が大きくなることがわかります。しかしこの電子の軌道は太陽系の惑星の軌道のようにハッキリと線で描くことはできません。なぜなら水素原子の場合は、図4-7に示されているように、各点に存在する電子の確率は量子数

のセット(n, ℓ, m)とその波動関数$\Psi_{n\ell m}$に左右され、電子の存在分布は一定の軌道上に集中しているのではなくかなりぼやけているからです。ですから電子が陽子からどのくらい離れたところを回っているのかを知るには、その平均軌道を計算しなければなりません。この平均軌道は波動関数$\Psi_{n\ell m}$を使って計算できます。左の式で与えられている軌道半径は量子力学的に平均された軌道半径を表すのです。この軌道半径は主量子数nと軌道角運動量量子数ℓに依存していますが、左の式からnに対する依存度の方が高いことが分かり、nの値が大きいほど電子と陽子の間の距離は大きくなるといえます。

また、左の式にはボーア半径a_0が含まれています。つまり原子の大きさはボーア半径a_0にも依存するということです。量子数nやℓだけでなくボーア半径a_0にも依存するということに重大な意義があります。なぜならボーア半径a_0は、161ページから162ページで説明したように、電子の質量m、電子の電荷e、プランク定数hと3つの自然定数(m, e, h)のみによって決定されるからです。水素原子のみならずすべての原子の大きさはこの3つの自然定数に依存します。

物理状態を知る確率

量子力学においては一般に粒子のエネルギー、運動量、角運動量などの物理量は量子化され、それらは飛び飛びに変化し、その不連続変化の仕方は各々の「量子数」で表されます。さらに(4－6)式、(4－7)式、(4－8)式などに見られるように、粒子にまつわる物理量は量子数に

よって表されます。誰もその粒子を見ていない時は（観測されていない時は）1つのセット（n, ℓ, m）に対して1つの波動関数$\Psi_{n\ell m}$が決定されます。

ここで問題を簡素化するために粒子のエネルギーだけを考えてみます（これは1次元の箱の中に閉じ込められている粒子の波動関数を表しますが、詳しい説明は少々込み入っているので割愛します）。そうすると粒子に対する波動関数はΨ_nとして表されます。これはエネルギーしか持っていない粒子の波動関数を表します（正確には運動量も持っていますが今はエネルギーだけを考えます）。

量子数nは1、2、3、4、5、……のように変化し、エネルギーは量子化されているためE_1、E_2、E_3、E_4、……のように飛び飛びに変化します。したがって例えばΨ_3は粒子のエネルギーがE_3である波動関数を表します。この場合エネルギーはE_3でハッキリしており、不確定さはありません。

しかし$|\Psi_n(x)|^2$はエネルギーE_nを持つ粒子がxという位置に見出される確率を表します。エネルギーは$E=hf$（hはプランク定数、fは波の振動数）で表されるためにエネルギーが異なると、異なる振動数の波動関数となります。つまり$E_1=hf_1$, $E_2=hf_2$, $E_3=hf_3$, $E_4=hf_4$, $E_5=hf_5$, ……という具合です。したがって$\Psi_n(x)$は振動数がf_nである波（波動関数）を表すことになります。振動数fが高くなるほど（速く振動するほど）波のエネルギー（つまり粒子のエネルギー）は高くなります。このようすは図4-10に示してあります。

粒子が観測されていない時（誰も見ていない時）は、す

べての振動数を持つ波動関数 $\Psi_1(x)$, $\Psi_2(x)$, $\Psi_3(x)$, $\Psi_4(x)$, $\Psi_5(x)$, ……が重なり合っています（重ね合わせの原理）。この状態は次のように表されます。

$$\Psi(x) = a_1\Psi_1(x) + a_2\Psi_2(x) + a_3\Psi_3(x) \\ + a_4\Psi_4(x) + a_5\Psi_5(x) + \cdots\cdots \quad (4-12)$$

ここに a_1、a_2、a_3、a_4、a_5、……は各々の波動関数に掛

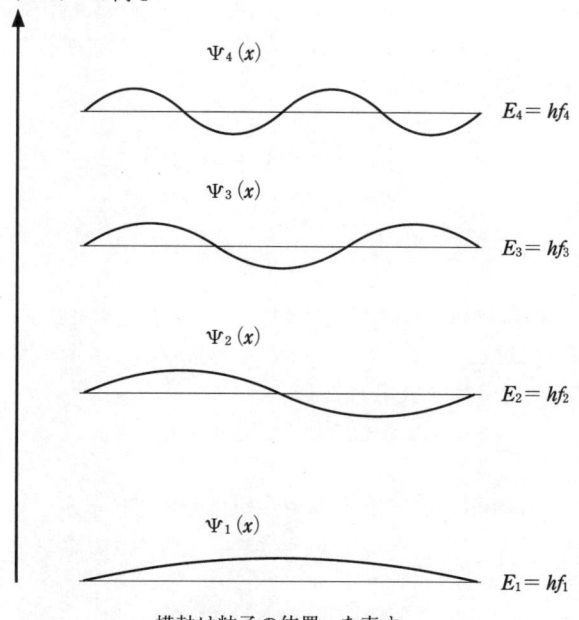

エネルギーの高さ

$\Psi_4(x)$ $E_4 = hf_4$

$\Psi_3(x)$ $E_3 = hf_3$

$\Psi_2(x)$ $E_2 = hf_2$

$\Psi_1(x)$ $E_1 = hf_1$

横軸は粒子の位置 x を表す

図4-10　エネルギー別による波動関数 Ψ_n

かる係数を表します。

全部の波が重なり合った結果、いわゆる「合成波」が出来上がりますが、この合成波は「波束」(wave packet)となり、次章の図5-1に示されています。粒子のエネルギーは飛び飛びに変化するけれど、誰も見ていない時はすべての異なるエネルギー（E_1、E_2、E_3、E_4、……）を同時に持っているということになり、観測前の粒子は決まった1つのエネルギーを持っていないことになります。実際に観測してみて初めて粒子のエネルギーを確定することが出来るのです。

ところで係数a_nは次のようなちゃんとした物理的な意味を持っています。

$$|a_n|^2 = \text{粒子のエネルギーを観測する時}$$
$$\text{エネルギーが}E_n\text{と出る確率}$$
$$n = 1, 2, 3, 4, 5, \cdots\cdots$$

この確率は粒子の位置xには関係ありません。つまり$|a_n|^2$は粒子がどこにいようとも観測の結果エネルギーがE_nと出る確率を表すのです。

ここでハッキリさせておくことがあります。

$$|\Psi_n(x)|^2 = \text{エネルギーが}E_n\text{である粒子が}$$
$$x\text{という位置に見出される確率}$$

$$|a_n|^2 = \text{観測の結果、粒子のエネルギーが}$$
$$E_n\text{と出る確率}$$

どうか $|\Psi_n(x)|^2$ と $|a_n|^2$ とを区別してください。

 粒子のエネルギーが例えばE_3からE_1に変化する場合その波動関数はΨ_3からΨ_1に変わってしまいます。これが一般的な量子飛躍（クオンタム・リープ）というものです。これを水素原子に当てはめてみると、電子が量子飛躍してその軌道を変えると電子の物理状態（量子数 n, ℓ, m）が変わるために電子の波動関数も変わってしまい、さらには水素原子の形が変わることになります（図4-6参照）。原子内の電子が量子飛躍すると光子が放出されるので、原子が光を発すると原子の形が変わってしまうのです。ただしここで言う原子の形とは、水素原子内の電子の存在分布を意味します。

第5章
無から有が出る

測定順序を逆にすると違った結果が出る

シュレーディンガーと時を同じくして、ドイツの理論物理学者ヴェルナー・ハイゼンベルク（Werner Heisenberg 1901—1976）はシュレーディンガーとは全く違った方向から量子力学を創始しました。ハイゼンベルクの量子力学は「行列力学」とも呼ばれ、シュレーディンガーの理論と比べるとかなり抽象的な理論です。

ハイゼンベルクはミュンヘン大学で物理学を学び22歳の若さで博士号を取得し、1925年、24歳の時に「行列力学」を完成させました。行列とは、簡単にいうと数字を縦横に並べたものです。その後シュレーディンガーらによってハイゼンベルクの量子力学とシュレーディンガーの量子力学は全く同じ理論であることが示されました。しかしハイゼンベルクの行列力学には全く予期せぬことが隠されていたのです。

2つの数の掛け算で、掛ける順序を逆にしても結果は変わらないことは周知の事実ですね。例えば2×5＝5×2ということです。ところが2つの行列を掛け合わせる場合、掛け合わせる順序を逆にすると違った結果が出るのです。これがきっかけでハイゼンベルクは粒子の位置とその運動量を掛け合わせる場合、掛ける順序つまり測定順序を逆にすると違った値が出てくることを発見したのです。

運動している粒子は刻々とその位置を変えながら運動量を保持しています。ニュートンの運動の方程式（第2法則）によれば、最初に与えられた位置と速度がハッキリと分かっていれば、後は方程式を解きさえすればどんな時刻

における粒子の瞬時の位置も運動量も同時に正確に分かります。今この時点での地球の位置と速度の値が正確に分かれば3日後の地球の位置と速度が同時にはっきりと分かるということです。ところがハイゼンベルクが発見した理論によればニュートンの方程式通りにはいかないのです。

ここで粒子の位置を x とおき、粒子の運動量 mv を p とおくと、ハイゼンベルクが発見したのは xp は px に等しくない、すなわち

$$xp \neq px \qquad (5-1)$$

ということです。

（5－1）式から、後で示すように、位置と運動量の不確定に関する「不確定性原理」を導くことができます。（5－1）式から不確定性原理が導かれた時、ハイゼンベルク自身大変驚いたそうです。この式ではもちろん位置 x も運動量 p も単純な数値ではなく行列で表されています。そして粒子の位置 x を先に測定してから後に粒子の運動量 p を測定した場合と、測定順序を逆にして運動量 p を先に測定してから位置 x を測定した場合とでは、位置と運動量の積の値が違ってくることを意味しています。ということは（5－1）式が、粒子の位置と運動量を同時に正確に知ることは原理的に不可能であることを示していることになります。つまり（5－1）式から不確定性原理が導かれるのです。

これは測定に際してどうしても避けることのできない、いわゆる「測定誤差」とは何ら関係なく、本質的に位置と

運動量を同時に正確に知ることは全く不可能ということなのです。粒子の位置と運動量に自然に「不確定さ」が伴うということで、この自然がそのようになっているのだとしか言いようがないものです。

波束

いろいろな異なった波長と振幅（波の高さ）を持つ無数の波を重ね合わせると、ある特定の領域にしか存在しないいわゆる「波束」（wave packet）というものが出来上がります（図5-1参照）。特定の波は一定の波長と一定の振幅を持っています。振幅にはプラスの振幅とマイナスの振幅があります。

「波」には必ず「振動」のためプラスの振幅とマイナスの振幅が交互に現れるので、いろいろな波を全部足し合わせると波長の異なる波が重ね合わされます。その際、「重ね合わせの原理」にしたがって、ある部分では振幅が全部プラス（あるいは全部マイナス）となって振幅が加算され、その結果、合成された振幅が大きくなりますが（最大振幅）、他の部分では波のプラスの合成振幅がマイナスの合成振幅と同じ大きさとなり、その結果プラスとマイナスが打ち消し合って正味の合成振幅はゼロとなります。またある部分ではプラスの合成振幅の方がマイナスの合成振幅よりも大きく、その結果全体の総合振幅はプラスとなりますが最大振幅より小さくなります。また逆にマイナスの合成振幅がプラスの合成振幅よりも大きいような場所では総合振幅はマイナスとなります。

このように振幅も波長も異なった多くの波を合成すると

第5章 無から有が出る

|←—波長—→|

|←—波長—→|

|←——波長——→|

|←波長→|

+
・・・・・

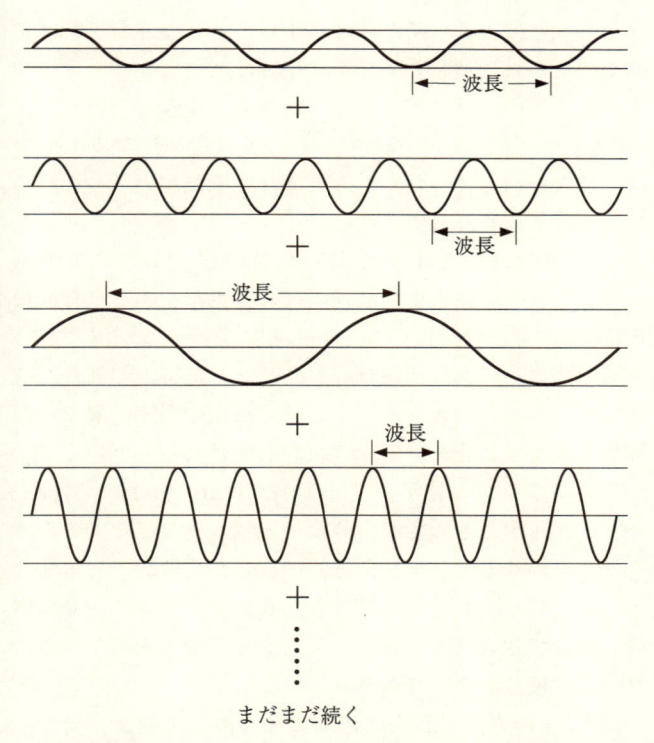

まだまだ続く

上の波を全部足し合わせると下のような「波束」が形成されます

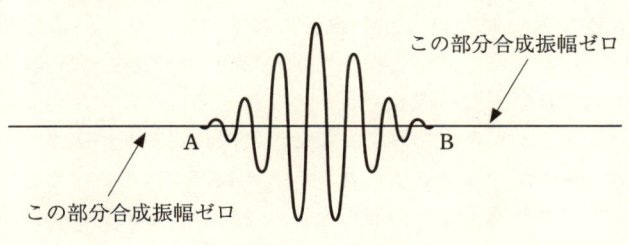

この部分合成振幅ゼロ

A　　　　B

この部分合成振幅ゼロ

図 5 – 1　　波束

その合成波はある場所だけに集中し、それ以外の場所はすべての波が打ち消し合って合成振幅はゼロになり、その結果、ある場所だけに波が束ねられたようになっていわゆる「波束」が形成されるのです。もし重ね合わせた波全部が同じ波長を持っていたら、それぞれの振幅が異なっていても波束は形成されません。

　図5-1においては波が（波束が）A点とB点の間のみに存在します。波束には前述のとおり色々な異なった波長（長いものもあれば短いものもある）を持つ波が混じり合っています。つまり波束はハッキリとした特定の波長を持っていないことになります。この「波長や振幅の異なった無数の波を重ね合わせると波束が形成される」というアイデアはフランスの数学者フーリエ（Jean Fourier 1768—1830）から出たものです。波長や振幅の異なった無数の波を足し合わせる時、波長や振幅の違いが連続的である場合はこの「足し合わせ」は積分となり、これは「フーリエ積分」として知られています。したがって最も厳密な波束はフーリエ積分によって表されます。

　図5-1のA点とB点との間つまり波束の幅は、異なった波長の波が多く含まれているほど狭くなります。あまり大きな違いがないような波長の波で形成されている波束は、だだっ広い波束となります。結局、幅の狭い鋭い波束には非常に異なる波長（きわめて長い波長からきわめて短い波長まで）が含まれているために波長の範囲が広く、一方、幅の広い波束には、含まれる波長の種類が少なくどの波も似たり寄ったりの波長を持っているので波長の範囲がきわめて狭いということになります。

まとめてみますと次のようになります。

幅の狭い波束：

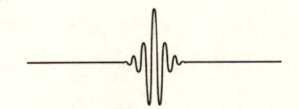

きわめて短い波長からきわめて長い波長までバラエティに富んだ波長を持つ波から形成されている。したがって幅の狭い波束は波長がきわめて不確定。

幅の広い波束：

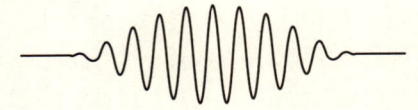

波長の種類が少なくバラエティに富んでいない。波長がみな接近しているような波から形成されている。したがって幅の広い波束は波長がほぼ確定的である。

波束と粒子との関係

波束もやはり粒子の波の性質の現れで波動関数です。一般に1個のミクロな粒子に対してシュレーディンガーの波動方程式を解くと、色々な波長と振幅を持った多数の波動関数が現れます。どの波動関数がその粒子に対する波動関数なのか知る術はありません。その粒子がまだ実際に観測されていない時は、粒子の状態はすべての波動関数を重ね合わせた（足し合わせた）ものとして表されるのです。つまり波束です。

例えば図5-1で粒子がA点とB点の間のどこかに存在していると分かっているものとします。しかし実際に観測

しない限りどこにあるのかは分からないのです。観測されていない時の粒子の状態は図5-1に見られるような波束となります。つまり粒子が空間中で狭い領域に限定されて存在している場合、観測されていない状態の粒子は波束として表されるのです。波束もやはり幽霊波ですから波束そのものを直接観測することは不可能です。波束の領域に測定器をあてがうと、そこに発見されるのは波束ではなく粒子です。

さてここで粒子の運動量 p と波長 λ との関係式すなわちド・ブローイの関係式 $\lambda = h/p$ を思い起こしてみましょう。波束には色々な異なった波長を持つ波が混合されています。つまり波束はハッキリとした運動量 p を持つことができないということになります。

もう一度図5-1を見てください。粒子はA点とB点の間のどこかにあるわけですが、これはその粒子の位置の不確定さが事実上波束の幅で決まることを意味しています。したがって波束の幅を Δx で表すと Δx が粒子の位置の不確定さとなります（図5-2）。

さて幅の非常に狭い波束では粒子の位置の不確定さ Δx は小さくなります。波束の幅が狭いのですから粒子の位置がかなり確定されていることになるのです。しかし幅の狭い波束は非常に短い波長から非常に長い波長までバラエティに富んだ波長を持つ波から構成されているので、ド・ブ

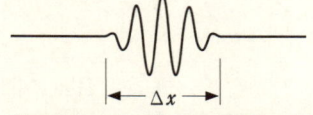

図5-2　波束における粒子の位置の不確定さ

ローイの関係式から多くの異なった運動量pを含んでいることになります。つまり運動量はハッキリと定まらず、その不確定さΔpは大きくなります。つまり粒子の位置がハッキリしてくるとその運動量はますますあやふやになるのです。

一方、幅の非常に広い波束の場合は、粒子の位置は非常にあやふやになり、位置の不確定さΔxは大きくなります。ところが波束の幅が広いということは、その波束を構成している多くの波の波長はほとんど同じくらいの長さになっているので波長はほぼ確定し、ド・ブローイの関係式から粒子の運動量pもほぼ確定的となり、運動量の不確定さΔpは非常に小さくなります。つまり位置の不確定さΔxが増すと、運動量の不確定さΔpが減少するということです。上の結論はこの後に述べる「不確定性原理」にマッチしていますが、ここで強調したいことは、ミクロな粒子が波として振る舞うがゆえに起こる結果であるということです。

これはいささか突飛な話ですが、粒子がどこにあるのかさっぱり分からず、分かっているのは無限空間のどこかということだけだとします。このような場合Δxは無限大となり、Δpはゼロとなります。運動量の不確定さがないということはハッキリとした１つの運動量を持つということで、ド・ブローイの関係式$\lambda = h/p$から、それに対する波はハッキリとした唯一の波長を持つことになります。つまり20ページに示されているような、１つの無限に広がった正弦波になり、波束にはなりません。これはもう完全な波であり、そこには粒子性は全く顔を出していません。しかしハッキリとした１つの運動量の値を持つ（$\Delta p = 0$という

意味)ということは粒子性を表しています。そこでどうしても「粒子」にこだわるのなら、その1個の粒子は無限空間の至る所に同時に存在する、という解釈になってしまうのです！

一方、粒子の位置が完全に確定している場合、波束の幅は事実上ゼロとなり、波束は縦にシャープな1本の線となります。これは$\Delta x = 0$に相当します。これはもう波ではありません。電子のようなミクロな粒子は空間の1点を占めるので波束の幅がゼロになり、そこには完全に「粒子性」の顔が出ています。しかしこの場合かなり多くの(無限大の)異なった運動量pが縦の1本の線の中に盛り込まれていることになるのでpは完全に不確定になりΔpは無限大となってしまいます。粒子であるのにその運動量が全く定まらないのです！

不確定性原理

歴史的に見ると、不確定性原理というのは上記のような波束から導かれたものではありません。ハイゼンベルクは「行列力学」というきわめて抽象的な理論から量子力学を創始しましたが、(5－1)式が行列力学の結果であり、(5－1)式ではxは単に数値で表された位置を意味するものではなく、pもまた単なる数値を使って表された運動量を意味するものではなく、それらは「行列」(matrix)で表されるのです。縦横に数値が並び、数値が行列を成しているもののことです。例えば

第5章　無から有が出る

$$x = \begin{pmatrix} 3 & 4 & 5 \\ 4 & 7 & 3 \\ 6 & 2 & 1 \end{pmatrix}, \quad p = \begin{pmatrix} 7 & 7 & 4 \\ 1 & 6 & 6 \\ 5 & 2 & 9 \end{pmatrix}$$

のように表されるのです。このような行列の形ではxpはpxに等しくなりません(筆者は大学に入って初めて行列の計算を学びました)。このことからハイゼンベルクは、マックス・ボルンなどの協力を得て、次のようないわゆる「不確定性原理」(uncertainty principle)を導き出したのです。

$$\Delta x \Delta p \geq \hbar \tag{5-2}$$

ここで前と同じようにΔxは粒子の位置の不確定さ、Δpは粒子の運動量の不確定さを表し、右辺の$\hbar$は$h/2\pi$を表します。ギリシャ文字Δ(デルタ)は値の幅を表します。例えば粒子が90センチメートルから98センチメートルの間のどこかにあるという場合、その幅Δxは「98センチメートル−90センチメートル＝8センチメートル」となります。この幅の値が小さいほど粒子の位置は確定値に近く、大きいほど位置が不確定になります。同じことがΔpについてもいえます。

ここで少し脱線しますが、上の(5−2)式において左辺と右辺の単位(次元)は同じになっています。そうでなければ(5−2)式は放棄されねばなりません。不等式であっても左辺の単位と右辺の単位は同じでなければならないのです。

さて、(5-2)式の左辺は「長さ」と「運動量」の積になっており、これは角運動量の単位を持ちます。そして右辺の$\hbar$も同じく角運動量の単位を持っています。右辺に$\hbar$が来る以上、位置の不確定さΔxは必ず運動量の不確定さΔpとコンビを組まなくてはなりません。それ以外のコンビは許されないのです。例えばエネルギーの不確定さΔEと位置の不確定さΔxがコンビを組むとその積の単位は角運動量にはなりません。したがって位置とエネルギーの間に不確定の関係は生じません。一方、エネルギーの不確定さΔEと時間の不確定さΔtのコンビネーション$\Delta E \Delta t$はその積の単位が「ジュール・秒」となります。この単位はプランクの定数の単位(したがって$\hbar$の単位)です。単位「ジュール・秒」は少しの計算によって角運動量の単位と全く同じであることが示されます。ですからエネルギーと時間との不確定性原理が成り立つはずです。つまり$\Delta E \Delta t \geq \hbar$です。これについては後でお話しします。

(5-2)式は不等式になっていますが、分かりやすく説明するには等式を使った方がよいでしょう。すなわち

$$\Delta x \Delta p = \hbar$$

つまり左辺の積が一定であるということです。例えば右辺の$\hbar$の値を100と仮定して次のような例を考えてみます。

$10 \times 10 = 100$

$20 \times 5 = 100$

$25 \times 4 = 100$

$50 \times 2 = 100$

第5章 無から有が出る

$80 \times 1.25 = 100$

　この例ではΔxが10、20、25、50、80と増えていっているのに対し、Δpは10、5、4、2、1.25と減少していっています。また逆に下から上に読み上げるとΔxが減少するとΔpは増加します。つまり粒子の位置の不確定さΔxが大きくなるとその運動量の不確定さΔpが小さくなり、またその逆も成り立つという結果をもたらします。

　さて、粒子がどこにいるのか測定器を使って突き止めようとした結果、粒子の位置がかなり正確に分かったとしましょう。すると位置の不確定さΔxは極めて小さくなりますが、その代わり運動量の不確定さΔpは大きくなり、その粒子の持つ運動量の値がきわめてあやふやになってしまいます。逆に測定器を使ってその運動量をできるだけ正確に測定しようとすると、運動量の不確定さΔpは小さくなりますがΔxが大きくなり、粒子の位置が非常にあやふやになってしまいます。

　ここで注意しなくてはならないのは、位置の不確定さΔxも運動量の不確定さΔpも測定誤差を表すものではなく、この自然に属するものであるということです。したがって粒子の位置とその運動量は同時に正確に決定することは原理的に不可能であるという結論に達するのです。原理的に不可能なのですからいかに測定技術が発達しても不可能です。

　測定によって粒子の位置がハッキリと確定した場合、不確定性原理はその運動量が全く分からないと言います。でもこれはおかしいと思いませんか？　たとえ誰もその粒子を見ていなくとも粒子が完全静止していることはあるでし

ょう。もしそうなら、その位置は確定しているはずです。さらに静止しているのならその速度は完全にゼロで、したがってその運動量も完全にゼロとなります。ゼロという量は確定値です。結局、位置も運動量も同時に確定値を持つことになり、これは不確定性原理に反します。どうなっているのでしょう？

答えは、誰にも見られていない時はミクロな粒子はしょっちゅうウロチョロしており、静止していることはないということです。周囲の温度が絶対零度であってもミクロな粒子は静止することはないのです。したがってその位置も運動量も確定しないことになります。

前に波束を使って不確定性原理を説明しましたが、波束は波であるからこそ不確定さが出てくるということになります。しかし実際に測定してみても、測定操作において不確定さが出てくるのです。粒子が持つ「位置」とか「運動量」という物理量は想像上の量ではなく実際に測定してみて初めて意味が出てくるものです。測定器、例えば磁界中に置かれた泡箱（bubble chamber）などで電子を観測すると、電子の走る道筋は1つの細い線で描かれる円として現れ、明らかに電子は粒子として観測されます。しかしその電子が現在円上のどこを走っているかを全く無視しても、その円の半径を知ることによって電子の運動量の確定値を知ることができるのです。つまり電子の瞬時の位置を犠牲にすれば電子の運動量が確定するわけです。ただし運動量 p は方向を持つベクトル量ですので方向も考慮しなければなりません。この場合の運動量の方向は円の接線方向です。逆に粒子の運動量を全く犠牲にすれば粒子の位置を

第5章　無から有が出る

確定することができます。

　顕微鏡を使って電子の位置を確定しようとする場合、真っ暗闇では何も見えませんから光を使いますが、この場合光を光子として扱うなら、光子が見ようとする電子にぶつかって跳ね返り、その跳ね返った光子がレンズを通して観測者の目に入るわけです。しかしその光子がどっちの方角に跳ね返ってくるのかは確定しておらず、レンズ内のどこを通過するのか分かりません。さらに電子にピントを合わせようとしても、電子は光の波長よりも小さいがために電子の位置がぼやけてしまいます。なぜならレンズを通過する際、光は粒子としてではなく波として振る舞うので回折現象を起こすからです。電子によって跳ね返された光が目に入るわけで、したがってこの場合、観測者にとって電子が光源となります。しかしレンズによる光の回折のために観測者の目には光源が広がって見えるのです。

　光の波長が長いほど光源の広がりは大きくなります。この場合の光源は電子ですから、結局、電子の位置がぼやけてしまい、位置が不確定となります。また電子にぶつかって弾き返された光子がどっちの方角に進むのか分からないということは、衝突の際、光子がどのくらいの運動量を電子に与えたのか分からないことを意味します。運動量保存の法則により、光子が電子と衝突する前の全運動量と衝突した後の全運動量は等しくなっていなければなりませんから、衝突後の運動量の状態があやふやであることは衝突前の運動量の状態もあやふやであることになります。光子と電子が衝突する前に電子が静止していたのか（運動量ゼロ）、あるいはどの方角にどれほどの運動量を持って動い

ていたのか確定できないことになり、結局、電子の位置も運動量も同時に確定できないというわけです。

密閉された箱の中に入っている電子のような粒子でも、箱の中を観測しない限り、粒子は波になっているので静止しっぱなしということは絶対にありません。波というものは動いているものです。だからこそ「波動」という言葉が使われるのです。もし粒子が粒子として存在しているのなら、たとえ運動していても瞬間瞬間には空間の1点を占拠しています。占拠している場所が刻々と変化していくのです。でも今は仮にその粒子が静止しているものとしましょう。

粒子が静止しているということはその位置がハッキリしているのですから位置に対する不確定さはゼロです。すなわちΔxがゼロということになります。一方、静止している限りその粒子の運動量は紛れもなくゼロであり、値が確定されているので、その不確定さΔpもゼロとなります。つまり粒子が箱内のどこかで完全に静止しているものとすると、位置の不確定さΔxも運動量の不確定さΔpも共にゼロになります。したがって2つの積$\Delta x \Delta p$はゼロかけるゼロでゼロとなってしまい、これは不確定性原理（5－2）式を満足しなくなります。右辺は少なくともプランクの定数h程度の大きさになっていなければならないからです。プランクの定数は6.626×10^{-34}ジュール・秒と、とてつもなく小さい値ですが決してゼロではありません。不確定性原理は自然の摂理（自然の法則）ですので、位置の不確定さΔxと運動量の不確定さΔpがどちらも同時にゼロであることは許されないのです。粒子が1ヵ所に静止している状

態はΔxもΔpも同時にゼロにしてしまうので不確定性原理という自然の掟を破ることになり、許される状態ではありません。

これは何も粒子が箱の中に閉じ込められていなくても言えることです。位置の不確定さΔxも運動量の不確定さΔpも同時にゼロになることは許されません。もしどちらかが、例えばΔxがゼロの場合、Δpは無限大となってしまうからです。ここで粒子の運動量はその粒子の質量mと速度vとの積、すなわちmvで表されることを思い起こしてください。運動量とはぶつかる相手を無傷のまますっ飛ばす能力のことをいいます。粒子の質量mは一定ですから運動量の不確定さは速度vの不確定さということにもなります。

さて位置の不確定さΔxも運動量の不確定さΔpもどちらもゼロでないということは、粒子は色々と異なった位置xをとり色々な異なった速度vをとるということになり、これは粒子が観測されていない時は本質的にじっと静止していることは許されないことを意味します。しかしこれは、粒子を粒子として考える限りとても受け入れがたいことです。「粒子がじっと静止していて何が悪いというのか？野球のボールだって静止していることが出来るではないか」と思うことでしょう。ここで「粒子」というイメージをきっぱりと捨ててください。179ページの（5—2）式で与えられた不確定性原理は粒子の波の性質に基づいた原理なのです。

これ以上低い温度は存在しないという温度のことを絶対零度といいます。摂氏０度は絶対零度ではありません。な

ぜなら氷点下つまり摂氏0度より低い温度はいくらでも考えられるからです。とはいえ温度は底無しに低くなるのかというとそうではなく、摂氏でマイナス273度まで下がると空気はもとよりいかなる物体もそれ以下に温度が下がることはありません。この摂氏マイナス273度が絶対零度です。

量子力学においては、ある物体（どんな物体でも）から、もうこれ以上熱を取り去ることはできないという状態になった時、その物体の温度は絶対零度であると言います（量子力学的には物体のエネルギーがゼロでなくても絶対零度になり得るのです。詳しくは固体物理学の本を参照してください）。真空から熱を取り出すことは不可能ですので電磁波を含まない完全真空の温度は絶対零度となります。

さて、粒子の周囲の温度が絶対零度であっても、不確定性原理（5－2）式にしたがって粒子の位置も運動量（速度）も同時にゼロになり得ないので粒子は動き回っていることになり（実際は波）、したがって運動エネルギー（波としてのエネルギーはhf）を持つことになります。周囲の温度が絶対零度であるにもかかわらず粒子はじっとしていることはできず、動き回って運動エネルギーを持ちます。これは古典物理学的には辻褄が合いません。なぜなら周囲の温度が絶対零度であるということは、周囲からその粒子に注ぎ込むエネルギーはないということだからです。周囲から粒子に何のエネルギーも注ぎ込まないのに、どうして粒子は動き回ることが出来るのでしょう？　電磁波を含まない完全真空中（絶対零度）に粒子が存在していて、何のエネルギーも加わらないのに粒子は動き回らねばなら

ない運命にあるのです！

　この説明に当たって私は「粒子」という言葉を使うべきか「波」という言葉を使うべきか本当に迷ってしまいました！　周囲の温度が絶対零度であるにもかかわらず粒子は運動量およびエネルギーを持ち、このエネルギーは粒子の持ち得る最小限のエネルギーとなり、「ゼロ点エネルギー」と呼ばれています。先ほど、電磁波を含まない完全真空は絶対零度といいました。しかしゼロ点エネルギーは完全真空にも存在していることが実験的に証明されているのです！　例えば「カシミール効果」（Casimir effect）などがあります（興味のある読者はインターネットなどで調べてみてください）。この意味では真空は真空ではないといえます。矛盾した言い方になるかもしれませんが、真空にゼロ点エネルギーがあっても真空の温度は絶対零度です。ゼロ点エネルギーは正しく「量子効果」の１つです。

　とにかく（5−2）式は、粒子の持つ運動量とその位置を同時に正確に決定することは本質的に不可能である、ということを示しています。朝永振一郎博士は素粒子（内部構造を持たない粒子）とは位置と運動量を同時に持つことのできない「代物」と言っています。

　不確定性原理の例をもう一つ示しましょう。薄い不透明な板の真ん中に穴を開け、無数の電子から出来ている細い電子ビームをこの穴に通過させるようにします。個々の電子はハッキリとした運動量を持っているものとします。運動量は方向を持つベクトル量であり、運動量の方向は板に向かう方向（板と直角を成す方向）です。ここでいう「運動量」はその量と方向を同時に表すものとし、電子ビーム

内のすべての電子は全く同じ運動量を持っているものとします（実際にこのような電子ビームを作るのは技術的に決してむずかしいことではありません）。この板から少し離れたところに電子が当たると蛍光を発する蛍光板（スクリーン）を置いておき、例によって1回に1個だけの電子が穴を通過するように電子ビームの強さを調節しておきます。そうすると電子は穴のどこかを通過するわけですから、板上の電子の位置の不確定さは穴の大きさで決まります。

　さて、穴を通過する際に電子が波として振る舞うと、「電子波」は穴を直進することはなくその道筋は曲げられてしまいます（電子ビームは穴を通過すると広がる）。これが電子波の回折現象です（波であるからこそ起こる現象）。スクリーンには小さなスポットが現れますから、電子（粒子）が穴を通過した際にどのくらい曲げられたのかが分かります。穴を通過する直前の電子は量も方向もハッキリしていて運動量の不確定さはありません（ただし穴からどれくらい離れているか、その位置は不確定）。しかしいったん穴を通過すると曲げられてしまうので、運動量ベクトル（単に運動量という）が変わってしまいます。電子の運動する方向が変わるとその運動量が変わるということを思い出してください。スクリーン上にスポットが現れた場合（観測された場合）は電子の運動量が穴を通過する前と比べてどのくらい変化したのか分かりますが、スクリーン上にスポットが現れる前はどこにスポットが現れるのか本質的に分かりません。穴を通過する前のすべての電子が全く同じ運動量を持っていても電子によってスクリーン上

の当たる場所は異なるので、電子が穴を通過してスクリーンに当たるまではどのくらい電子の運動量が変化したのかは本質的に分からないのです。ここに電子の運動量の不確定さが生じます。

ところが電子波が穴によって曲げられる（回折される）度合い（どのくらい曲げられるのか）は穴の大きさに左右されます。穴が大きいほど穴を通過した後の電子波の広がり方は小さく、穴が小さいほど電子波は大きく広がります（これは光を穴に通してみるといっそうハッキリします）。言い換えると穴が大きいほど曲がりが小さく、穴が小さいほど大きく曲げられます。ということは、穴が大きいほど電子の運動量の変化は少なく、したがって運動量の不確かさΔpは小さくなるということです。しかし穴が大きいということは、それだけ穴の部分での電子の位置が不確定になり（穴のどこを通ったのか分からない）、位置の不確定さΔxが大きくなります。逆に穴が小さい場合、位置の不確定さΔxは小さくなりますが（穴が小さいために穴のどこを通過したのかハッキリする）、穴を通過した後の電子波の広がりが大きくなるため、電子がどの方向へ行くのか見当がつかず、電子の運動量がどのくらい変化したのか予想するのが困難になって運動量の不確かさΔpは大きくなります。

ところがこのような不確定さは「位置と運動量の不確定さ」だけに留まらず、エネルギーと時間の間にも当てはまることが分かっています。エネルギーの不確定さをΔEで表し、時間の不確定さをΔtで表すと、ΔEとΔtとの関係は次のように表されます。

$$\Delta E \Delta t \geq \hbar \qquad (5-3)$$

　この式も不確定性原理として知られていますが、この式は実はとんでもないことを意味しているのです。時間Δtの間、エネルギーは保存されないということです。

　この問題を議論する前に「エネルギー保存の法則」という自然の法則を考えてみましょう。すでに説明しましたが、エネルギーとは「仕事を成す能力」と定義されています。「仕事」とは「力×動いた距離」とこれまた定義されています。「定義」とは人間が理論の遂行上の便宜を図って勝手に決めたルールのようなものですから「定義」に証明などありません。「仕事」の定義から運動エネルギーとポテンシャル・エネルギーなどが導き出されます。ポテンシャル・エネルギーには例えば、重力ポテンシャル・エネルギー、電磁ポテンシャル・エネルギー、弾性ポテンシャル・エネルギー等々があります。

「熱」というものは、温度の高い物体から温度の低い物体にエネルギーが移動する時、移動したエネルギーの量と定義されています。ですから熱もエネルギーの一種であり、その源は原子や分子の運動エネルギーです。

　さて、「エネルギーの定義」そのものから「エネルギー保存の法則」は出てきません。どんなタイプのエネルギーにも必ずその出所（源）があります。エネルギーを創り出すことはできません。人間にできることはすでに存在しているエネルギー源、例えば、石油、太陽熱、化学反応、原子核反応などを利用するだけです。化学反応の素材である

原子や分子も、原子核反応の素材である原子核もすでに存在しているものです。原子、原子核、分子などにはエネルギーが内部にすでに「貯蔵」されているのです。無からエネルギーは創れません。

またエネルギーというものは決して消滅するものではありません。ただし、エネルギーの形態（種類）は変わり得ます。ポテンシャル・エネルギーが運動エネルギーに変わったり、車のエンジンのように熱エネルギーが動力エネルギー（運動エネルギー）に変換されたり、発電所のように熱エネルギーが電気エネルギーに変わったりします。よく「熱が逃げる」と言いますが、熱は空気中四方八方に伝わっていくのであって消滅するわけではありません。「エネルギーは決して無から発生することはなく、また消滅することもない」というのが「エネルギー保存の法則」です。

ところが（5－3）式は、時間Δtの間エネルギーが保存されていないことを示しているのです。つまり時間Δtの間に無からエネルギーが発生するのです。しかしΔtの時間が経つと発生したエネルギーは消滅してしまいます。ということはΔtの時間の間だけ真空からエネルギーが発生して消滅してもよいことになります。アインシュタインの特殊相対性理論からの帰結である$E = mc^2$（mは質量、cは光の速度）は有名な式ですが、これはもしmキログラムの質量（物質）が100％エネルギーに変換されたらどのくらいのエネルギーになるのかを示しています。またこの式はエネルギーが物質に変わってしまうことも示しています。原子爆弾の場合は質量が熱エネルギー、光のエネルギー、放射線エネルギーなどに変換されるのです（注：原

子爆弾の場合はスケールが大きいため不確定性原理は関与していません)。(5—3)式の不確定性原理は時間Δtの間にエネルギーの不確定さΔEが生じることを示していますが、これは$E=mc^2$から$\Delta E=\Delta mc^2$と書け、質量の値はハッキリ分からないものの真空から質量を持つ粒子が創生されることを示しています。すなわち時間Δtの間に真空から粒子が忽然と現れ、すぐまた真空に戻って消滅してしまうのです。正に「無から有が出る」現象です。

しかし電子のように電荷を持つ粒子が単独で無から現れることは決してありません。これは「電荷保存の法則」によるためです。電荷も無から発生することはなくまた消滅することもありません。電荷が真空から忽然と現れることは絶対にないのです。これを「電荷は保存される」といい、これが電荷保存の法則です。エネルギーと違って電荷には不確定性原理というものがないので、エネルギーが保存されなくても電荷は必ず保存されるということになります。真空は読んで字のごとく物質のみならず電荷も存在していませんから真空の電荷はゼロということになります。もし真空からエネルギー保存則を破って電子1個が忽然と現れたとすると、電子は電荷を持っているためにこの現象は電荷が無から発生したことになり「電荷保存の法則」に反します。したがって電子だけが単独で真空から発生することはありません。

電子はマイナスの電荷を持っていますがこの世にはプラスの電荷を持っている電子もあるのです。プラスの電荷を持つ電子は「陽電子」(ポジトロン)と呼ばれています。陽電子は電子の反粒子です(反粒子については次章で説明

第5章　無から有が出る

します)。電子のみならずすべての素粒子にはその反粒子が存在します（自然の状態では反粒子は存在していませんが、粒子加速器やコライダーなどによって反粒子を作り出すことができます)。粒子と反粒子は質量をはじめ物理的特性は全く同じですが、電荷の符号が逆になっているのが特徴です。ですから粒子と反粒子の電荷を足し合わせるとプラスとマイナスが相殺して正味の電荷はゼロとなります。したがって真空からエネルギー保存則を破って電子が現れる場合は必ずその反粒子である陽電子も同時に現れることになります。

　エネルギー保存の法則を破って「無」から発生する粒子を「手を触れない」そのままの状態で観測するのは全く不可能です。なぜでしょう？　観測するということは、光なり何なり外部から何らかのエネルギーをその粒子に与えることによって、そのエネルギーと粒子との反応が観測器の中で起こり、それによって粒子が検出されることだからです。エネルギー保存則を破って発生した粒子にエネルギーを与えてやるとその粒子はエネルギーを吸収し、エネルギー保存則を守ることになってしまい、エネルギーをもらい受ける以前の状態ではなくなってしまいます。ですからエネルギー保存則を破って真空から出て来るような粒子をそのままの状態で観測することは完全に無理な注文で、そのような粒子は観測できないということから「仮想粒子」(virtual particles) と呼ばれています。

　（5−2）式と（5−3）式は共にハイゼンベルクの不確定性原理として知られていますが、両式とも右辺にはプランクの定数 h を 2π で割った $\hbar$ があります。プランクの定

数は角運動量の単位を持っていますが、その値は日常私達が経験する単位量と比べるとほとんどゼロに近いような値です。ですから（5－2）式や（5－3）式を、例えば野球のボールのような日常直接経験するような物体に当てはめると、右辺は事実上ゼロとみなされ、私達が感知できるような不確定さは現れません。

ところが電子や陽子のレベルになると話は変わってきます。なぜなら電子や陽子はその大きさが測定不可能なくらいに小さく、そのためそれらの幽霊波の波長がプランクの定数の値とほぼ同じくらいになっているからです。

1という数は大きいのでしょうか小さいのでしょうか？1は10000に比べれば無視できるくらい小さな数です。しかし1は0.0000001という数に比べればとてつもなく大きな数となります。同じく、プランクの定数は日常生活に見られる物体に対してはゼロとみなされるくらい小さいのですが、電子や陽子のレベルに立つと、決して小さな値ではなくなります。ですから（5－2）式や（5－3）式で表されている不確定性原理は電子や陽子などのようなミクロな世界では顕著（？）に現れる現象なのです。

水素原子においてなぜ電子が電気引力によって陽子に吸い付けられてしまわないのかは不確定性原理によっても説明できます。電子が陽子に吸い付けられ、陽子の中に閉じ込められてしまったとしましょう。すると（5－2）式においてΔxは陽子の大きさ（ほぼ10兆分の1センチメートル）になります。この式で電子の運動量の不確定さΔpについて解くと、Δpはかなり大きな値となります。つまり位置の不確定さΔxがきわめて小さいために（陽子という

極微の粒子内に存在するために位置がかなり確定的となっている)、運動量の不確定さΔpが大きくなり、電子の取り得る運動量の幅がかなり大きくなってしまうということになります。小さな運動量もきわめて大きな運動量も取り得るわけです。電子が大きな運動量を持つとそれ相当の大きな運動エネルギーを持つことになります。計算によると、電子が大きな運動エネルギーを持つと直ぐにも陽子から飛び出してしまうことが分かります。このために電子は陽子の中に留まることはできないのです（注：中性子星の内部では重力による圧縮があまりにも強いために電子は陽子の中に永久にめり込んでしまい、中性子に変容しています）。

未来は決定できない

不確定性原理（5—2）式によって粒子の位置と運動量を同時に正確に決定できないということが分かりました。そうすると粒子の運動に対する「初期条件」が決定できなくなってしまいます。いくら粒子が運動の法則を保ちながら動くといっても、その最初の位置と運動量がハッキリしない限り、粒子がいったいどのような道筋を通って動いていくのかが分からなくなってしまいます。今から10時間後に粒子がどこをどんなスピードで通過しているのか見当がつかないというわけです。ただしシュレーディンガーの波動方程式は粒子に関する波動関数が時間と共にどのように変化していくのかを教えてくれます。

粒子の動く道筋は1つしかありませんが、観測されていない時は粒子の運動は波動関数となっているので、粒子の道筋は無数に存在することになります。そして誰も見てい

ない時は1個の粒子がこの無数の道を同時に通過しているのです。だからこそ「干渉」が可能となるわけです。この現象は第3章で説明した二重スリット実験ですでにお目にかけています。誰も見ていない時は1個の電子は2つのスリットを同時に通過しているのです。

読者の中には「ちょっと待ってくれ。泡箱などに代表される荷電粒子検出装置では粒子の通る道筋がハッキリと現れているではないか」と疑問に思われる人がいるかもしれません。しかしこれは「誰も見ていない時は」という条件に反します。検出装置を使うことは電子の道筋を「見る」ということになるからです（注：「道筋」と「位置」とは違います。位置は1点を表します）。電子がいったいどこに到達するかは観測してみない限り分からない、つまり未来は本質的に決定できないということです。どんな未来になるのかはすでに決定されてしまっているのだけれど、情報不足のために決定できないというのではないのです。観測されないうちはすべての可能性がミックスされて（重なり合って）いて、何ひとつ決定されていないのです。

第6章
「私の方程式は私よりも賢い」

電子は踊る

原子から量子飛躍によって発せられる光を精密な分光器を通して観察すると、シュレーディンガーの波動方程式の解から得られる光とは一致していないことが分かりました。これはしばし謎だったのですが、結局、電子が地球のようにくるくると自転(スピン)していることが原因であるということが分かったのです。自転ですから右回転か左回転かのどちらかしかありません。原子に属している電子であろうと全く束縛を受けていない自由な電子であろうと、電子は常にスピンしているのです。

しかしこの電子のスピンは、地球やコマあるいはフィギュアスケーターのようにくるくると自転しているイメージをもって理解するのは不可能であることが分かりました。電子のスピンは徹底的に「量子力学的なスピン」なのです。電子は見られていてもいなくてもスピンしています。電子のスピンはその質量や電荷と同じように「電子の特性」を表すものなのです。

電荷を有する物体がスピンすると磁石になる

量子力学がその幕を開ける(1900年)以前から、サイズが大きかろうが小さかろうが電荷を持つ物体が自転すると磁石になることが知られていました。なぜなら磁場の発生原因は「動く電荷」であることが理論的に説明されていたからです。電線を流れる電流は電線内の大量の自由電子によって運ばれる電荷が電線に沿って動くことによって生じるものですから、電流が流れている電線の近くの空間には

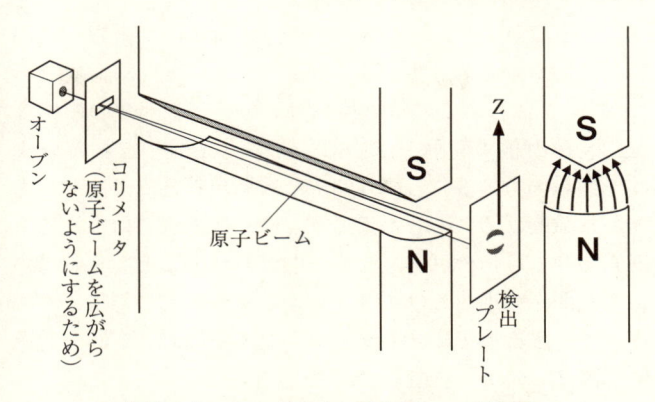

第6章 「私の方程式は私よりも賢い」

図6-1　シュテルン=ゲルラッハの実験
"QUANTUM PHYSICS" 2nd EDITION p.272, Figure 8-5 by Robert Eisberg and Robert Resnick, John Wiley & Sons, 1985に基づく

磁場が発生しています。このことからスピンしている電子は永久磁石になっていることが分かります。

128ページ図4-3に示されている大きなコの字形の磁石の2つの磁極の間の空間には磁場が存在しています。小さな磁石をこの磁場に置くと、磁場と反応して回転したりします。磁石は磁場としか反応しないということを忘れずに覚えておいてください。ですから、もしある物体を磁場のある空間に放置し、回転したり磁極にくっついたりしたら、その物体は間違いなく磁石です。

さて1922年、ドイツでオットー・シュテルン（Otto Stern 1888—1969）とヴァルター・ゲルラッハ（Walther Gerlach 1889—1979）は強さが一様ではなくて不均等な磁場に多数の水素原子から成る原子ビーム（実際には中性の銀原子が使われた）を通過させると原子ビームが2つに分かれてしまうことを発見しました（図6-1参照）。水素原

子ビームは図6-1の左側から右側に向かって大磁石の磁極の間隙を走るのです。

　図6-1において、磁力線が密集している部分の磁場は強く、磁力線の間隔が広い部分は磁力が弱くなっています。磁場の方向は磁石の外側ではN極からS極に向かいます。常識的に考えると水素原子ビームは電気的に中性ですから磁場とは何の反応もせず、曲げられることなく磁場のある空間を直進するはずです。ところが実験の結果はさにあらず、水素原子ビームが不均等な磁場のある空間を通過する際2つに分かれてしまったのです。

　今、非常に小さな2つの棒磁石を図6-1の磁場の中に入れてみます。この際面倒なことはいっさい避けるためにこの実験はどこか重力の全くない宇宙空間で行うものとしましょう。図6-1では大きな磁石のN極とS極の間隙ではS極（上側）に近い方が強い磁場で、N極（下側）に近い方が弱い磁場となっています。これが「不均一な磁場」という意味です。2つの小さな棒磁石は大磁石によって作られた磁場の方向（図6-1で縦の方向）に置きます。このようすは図6-2に示されています。

　図6-2の（A）に示されているように、小さな棒磁石のN極が大きな磁石のN極に向き、S極がS極に向いている場合、下側のN極とN極との間に作用する上向きの磁気反発力は上側のS極とS極との間に作用する下向きの磁気反発力より弱くなっています。そのためこの小さな棒磁石全体に作用する正味の磁気力は下向きとなって、この棒磁石は下向きに動きます（重力がないことをお忘れなく）。一方、図6-2の（B）では（A）の場合と状況が全く逆

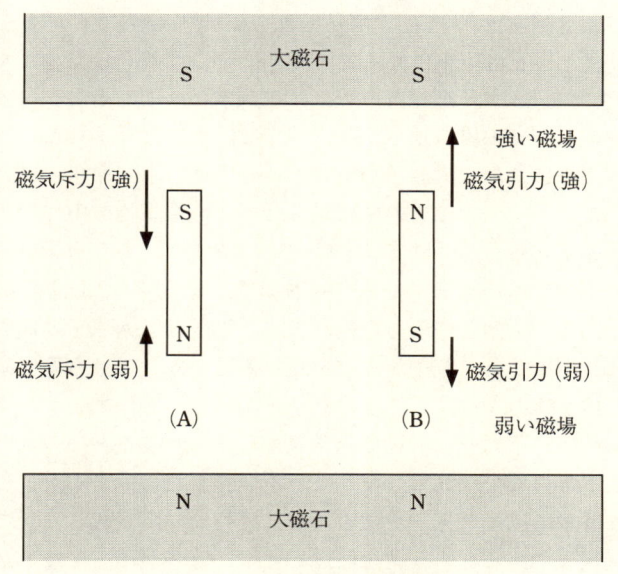

第6章 「私の方程式は私よりも賢い」

図 6 – 2　小磁石に作用する磁力

で、小さな棒磁石のN極と大きい磁石のS極が向かい合っています。しかし下側の磁場の方が上側の磁場より弱くなっていますから、下側のNとSとの間の磁気引力の方が上側のSとNの間の磁気引力より弱くなって、棒磁石全体に作用する正味の磁気力の方向は上向きとなり棒磁石は上に向かって動きます。棒磁石（小磁石）に同時に作用する上下方向の2つの磁力の強さが同じでないために2つの磁力は相殺されず、正味の磁力はゼロとならないのです。

しかし図6-2において、もし大磁石の磁極の間隙にある磁場の強さがどこもかしこも全く同じ強さ（一様な磁場）であるとすると、（A）の場合も（B）の場合も小磁

石が受ける2つの力は相殺されて正味の磁力はゼロとなり、小磁石は上下に動くことなく、そこに静止しています（重力なし！）。小磁石を上下に動かすためには小磁石の置かれている磁場の強さが不均一でなければなりません。

たくさんの水素原子で出来ている中性の水素原子ビームをこの不均一な磁場の中に走らせても、電気的に中性な水素原子が磁力を受けるはずはないのですが、もし水素原子の電子が微小磁石になっていれば電子は図6-2のように上向きか下向きの磁力を受けます。電子は水素原子の構成要員ですから、電子が磁力を受けるということは水素原子全体が磁力を受けることになります。シュテルンとゲルラッハは、不均一な磁場で水素原子ビームが走るとビームが上下2つに分かれてしまうことを発見したわけですが、これは水素原子の電子が磁石になっていない限り起こり得ない現象であるという結論に達します。電子が磁石になるためには電子自身が自転（スピン）していなければなりません。

実はこの「シュテルン=ゲルラッハの実験」の結果から電子のスピンを提唱したのは、実験を行ったこの2人ではなかったのです。1925年、当時まだ大学院の学生であったジョージ・ウーレンベック（George Uhlenbeck 1900—1988）とサムエル・ハウトスミット（Samuel Goudsmit 1902—1978）という2人のオランダ人が、シュテルン=ゲルラッハの実験結果に対し、原子ビームが2つに割れるのは原子の構成員である電子のスピンによるものであるという解釈を与えたのです。

このすぐ後にイギリスのディラック（230ページ参照）

は、量子力学を相対性理論に合致するように組み込むと電子のスピンが必然的に現れることを発見しています。電子のスピンはシュレーディンガーの波動方程式をいくら厳密に解いても出てきません。その後、電子のスピンを考慮することにより原子から発光される光のスペクトル線の微細構造がみごとに説明されて、電子のスピンは揺るぎない事実であることが決定的となったのです。ウーレンベックとハウトスミットは電子のスピンを提唱したばかりではなく、電子のスピンに対する量子力学的な解釈も与え（スピン量子数など）、その解釈は現在なお健在です。

　2人とも後にアメリカに移住しました。ユダヤ人であったハウトスミットの両親はガス室に送り込まれ殺害されてしまったのです。この件に関して彼はドイツのハイゼンベルクに、両親の救出に何とか手を打ってくれるように手紙を出しましたが功を奏さなかったようです。第2次世界大戦中の1944年、アメリカ政府はドイツの原子爆弾開発を調査するために、科学者によって構成されたスパイ・グループをひそかにドイツに派遣しますが、この班長にハウトスミットが任命されたのです（拙著『原子爆弾』／ブルーバックスB1128参照）。

スピン角運動量

　前々節で「電子のスピンはフィギュアスケーターのようにくるくる回るイメージでは理解不能で量子力学的にしか理解できない」と述べましたが「量子力学的なスピン」とはいったいどのようなものなのでしょうか？
　まず電子が小さいということは知っていても、どのくら

いの大きさなのかハッキリとは分かっていません。というよりも分かりようがないと言った方がよいでしょう。現代物理学においては電子に内部構造はなく、「点」のごとく振る舞うとされています。点の面積も体積もゼロです！点が自転するとはいったいどういうことなのでしょう？しかし電子がどんな格好をしていようとどんなに小さかろうと、電子はマイナスの電荷をもっており永久磁石になっているという厳然たる事実の上に立って考えると、電子は自転していると考えざるを得ません。しかし、どのように自転しているのかは知りようがないのです。それを想像するのは私たちの勝手ですが……。

実はそんなことよりも電子のスピンが磁場や他の粒子との反応に対してどのような効果をもたらすのかということの方が遥かに重要なことなのです。自転しているようすを物理的に表す最も効果的な手段は角運動量です。スピンによる角運動量は「スピン角運動量」と呼ばれています。スピン角運動量もベクトル量で方向を持っています。したがって図4-2（127ページ）に示したようにスピン角運動量ベクトルも矢で表され、矢の長さが角運動量の値を表します。

また図4-2と同じく、スピン角運動量の場合も、勝手に設置されたZ軸に対してどのくらいの角度で傾いているのかをもってその方向を定めます。Z軸に直角になる方向から平行光線をスピン角運動量ベクトルに照射するとZ軸にその影が出来ますが、この影の長さをもってスピン角運動量のZ成分とします。逆にスピン角運動量のZ成分が分かれば、スピン角運動量のZ軸に対する方向が分かります。

第6章 「私の方程式は私よりも賢い」

　ところが、「シュテルン=ゲルラッハの実験」の結果（水素原子ビームが2つに分かれた）や理論的考察の結果、電子のスピンに由来するスピン角運動量の取り得るZ成分はたった2つしかないことが分かったのです。このようすは図6-3に示してあります。

　図6-1ではZ軸は大磁石の磁場の方向に設置されていました。このZ軸に対して電子の持つ角運動量のZ成分はZ軸に平行か反平行かのどちらかで、2つしかありません（210ページで詳しく説明しています）。このことは電子の角運動量ベクトルの方向がZ軸に対して2つしかないことを意味しています（図6-3参照）。量子力学の特徴の1つは、Z軸が全く任意に（勝手に）設定されたにもかかわらず、Z軸に対してスピン角運動量の方向はたった2つしかないということです。スピン角運動量のZ成分がZ軸に平

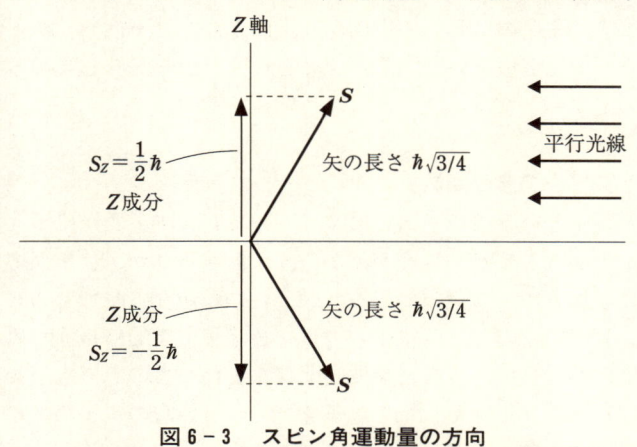

（図：Z軸上向きに $S_z=\frac{1}{2}\hbar$ のZ成分、矢の長さ $\hbar\sqrt{3/4}$ のSベクトル。下向きに $S_z=-\frac{1}{2}\hbar$ のZ成分、矢の長さ $\hbar\sqrt{3/4}$ のSベクトル。右側に平行光線）

図6-3　スピン角運動量の方向
スピンの方向は右ネジの進む方向と決める。Sの取り得る方向はたった2つ。

行な場合は「上向きスピン」(Spin up) といい、反平行な場合は「下向きスピン」(Spin down) といいます。シュテルン＝ゲルラッハの実験で、無数の中性原子から成るビームが不均一な磁場の中を通過すると二手に分かれたのはこのためです。

電子のスピンは与えられたZ軸に対して「上向き」か「下向き」のどちらかになっています。Z軸に平行か反平行かの2つの状態しかありませんが、スピン角運動量の方向がZ軸に対して幾つも存在し得るのなら、例えば方向の数が100ある場合は、それらのZ成分も100あることになります（141ページ図4-5参照）。しかし電子のスピン角運動量の場合はその方向がZ軸に対してたった2つしかないので、Z成分もたった2つしかありません（図6-3参照）。以後、スピン角運動量を単にスピンと呼ぶことにします。電子のスピンの方向が「上向き」か「下向き」かというのはZ成分が2つしかないということを意味しているのです。

スピンの波動関数

電子という素粒子は常にスピンしています。雨が降ろうが風が吹こうが、温度が高かろうが低かろうが、化学反応に参加している最中であろうが、いついかなる時でもスピンしているのです。電子のスピンを量子力学的に扱うためにはどうしても「スピン波動関数」というものを考慮しなければなりません。誰も電子を見ていない時の電子のスピンはスピン波動関数によって表されます。

スピンの状態は与えられたZ軸に対して「上向き」か

「下向き」かのどちらかになっているわけですが、観測されていない時は「上向き」と「下向き」の2つの状態が同時に重なっています。この重なりがスピン波動関数によって表されるのです。「上向き」「下向き」の各々の状態はそれぞれ別個の波動関数で表すことができます。ただ見られていない時はスピンの状態が全く分からないので、「重ね合わせの原理」にしたがって「上向きの波動関数」と「下向きの波動関数」が重なり合っているのです。

このようにスピンの状態は周囲の物理条件（場所、温度、圧力とか）に左右されることなく、与えられたZ軸に対して「上向き」と「下向き」の2つの状態しかないので、スピン波動関数は空間座標に依存することはありません。したがってシュレーディンガーの波動方程式をいくら正確に解いても、電子の持つスピン角運動量は出てきません。出てきませんが、スピン角運動量に対する波動関数を考えることができます。

スピン量子数

重ね合わせの原理に従うと「1個の電子がそこにある」という情報のもとでは、誰も電子を見ていない時はその1個の電子のスピンは2つの方向を同時に持つことになります！　さらにスピンおよびその方向も量子化されています。つまり電子のスピンもその方向も飛び飛びに変化するということです。実はこの量子化が図6-3を生み出したのです。電子のスピンの方向は図6-3で示された2つの方向以外にあり得ないということです。「飛び飛びに変化する」ということを表すために当然「量子数」が出てくる

のですが、電子のスピンの場合、量子数は整数ではなく2分の1（1/2）でなければならないことが分かりました。飛び飛びに変化するとはいっても、たった2つの変化（たった2つの方向）しか許されないということから量子数は1/2となったのです。

スピンに対する量子数は「スピン量子数」（spin quantum number）と呼ばれ、たった1つの値1/2しかありません。スピン量子数の表示は小文字の s を用い

$$s = 1/2$$

となります。なぜ1/2かと疑問に思われる方のために念のために説明しますと、Z 成分の数、すなわちスピン角運動量の方向の数は、量子数 s を使うと $(2s+1)$ と表されるのです。Z 成分が2つしかありませんから、この式は

$$2s + 1 = 2$$

となり、この式を s について解くと s が1/2になることが分かります。

少しややこしいのですがスピン角運動量の値は大文字の S を用い、それは次のように表されます。

$$S = \hbar\sqrt{s(s+1)} \qquad (6-1)$$

小文字は $s=1/2$ ですので、スピンの大きさ S（値）は $\hbar\sqrt{1/2(1/2+1)} = \hbar\sqrt{3/4}$ となり、スピン角運動量の値はた

第6章 「私の方程式は私よりも賢い」

った1つの値しかないことになります。この値が図6-3の矢の長さになるのです。

さらにその Z 成分、すなわち図6-3における Z 軸上の影の長さは次のように表されます。

$$S_z = \hbar m_s \tag{6-2}$$

ここに m_s は Z 成分に対する量子数で、その値は

$$m_s = +1/2 \text{ または } -1/2$$

というように、2つの値しか取りません。これは図6-3に示されているように Z 成分が2つ(上向きスピンと下向きスピン)あることと一致しています。(6-1)式に示したように、電子のスピン角運動量の値はたった1個しかないので、電子のスピンの状態を表すには Z 成分の量子数 m_s だけを使えば十分です。つまりスピンが「上向き」か「下向き」かを表すだけで十分となります。

ここで(6-1)式と146ページの(4-7)式を比べてください。2つとも数式の形は全く同じです。ただ違うのは(6-1)式では量子数 s がたった1つの値 $1/2$ しか取らないのに対して、(4-7)式では軌道角運動量量子数 ℓ は幾つもの値を取り得るということです。

また(6-2)式と(4-8)式とを比べてください。これまた2つとも数式の形は全く同じです。(4-8)式は幾つもの Z 成分(幾つもの方向)がありえるのに対して、(6-2)式はたった2つの Z 成分しかありません。

結局、原子内で原子核の周りを回っている電子は2つの異なった角運動量を同時に持つことになるために、2つの角運動量は次のように呼ばれています。

軌道角運動量：　　（4−7）式と（4−8）式
スピン角運動量：　（6−1）式と（6−2）式

原子内の電子は軌道角運動量とスピン角運動量の両方を同時に背負っています。そのため全角運動量は$L+S$となり全角運動量の量子数は必ずしも整数にはなりません。例えば$\ell=2$で$s=\frac{1}{2}$の場合全角運動量に対する量子数の1つは$2+\frac{1}{2}=\frac{5}{2}$となります。

量子力学の奇妙さ

ここで再びシュテルン=ゲルラッハの実験に戻ってみましょう。199ページの図6-1では水素原子ビームが大磁石によって作られた磁場に左側から入り込み装置の右側から出ていきます。Z軸はこの磁場の方向（図では縦の方向）に設置されています。水素原子の電子のスピンの向き（Z成分）はこのZ軸に平行（上向きスピン）か反平行（下向きスピン）であるばかりではなく、Z成分がたった2つしかないということを思い出してください。

図6-2では大磁石によって作られた磁場に置いた小さな棒磁石を考えました。配置（A）の場合、棒磁石は大磁石から斥力を受け磁場と反平行にあるといい、また配置（B）の場合、棒磁石は大磁石から引力を受け磁場と平行にあるといいます。つまり棒磁石が磁場と平行の場合は上向きの正味の力を受けて上に動き、棒磁石が磁場と反平行の場合は下向きの正味の力を受けて下に動きます。棒磁石

が大磁石によって作られた磁場の方向（Z軸方向）に平行でもなく反平行でもない時は棒磁石は回転し、しまいにはZ軸に平行か反平行になります。

棒磁石でなく電子の場合は、電子はマイナス電荷を有するため電子のスピンの向きが磁場の方向（Z軸）と反平行な時（下向きスピン）は電子は上向きの磁力を受け、その逆で平行の時（上向きスピン）は電子は下向きの磁力を受けます。

ところが1個の水素原子が装置の左側から磁場に入り込む前は、その電子のスピンの向きは全く分かりません。でたらめな方向（つまりZ軸方向とはかけ離れた方向）になっているかもしれません。もしでたらめな方向で磁場に入り込んだら、原子は磁場を走っているうちに棒磁石みたいに回転しながら電子のスピンの方向がだんだんとZ軸（磁場の方向）に傾いていき、しまいにはスピンがZ軸に平行かあるいは反平行になって、水素原子は上向きか下向きかに力を受けてどちらかの向きに進路が曲げられてしまう……というのが常識的な筋書きです。ところがこの筋書きは間違っています！

今「回転しながらだんだんとZ軸の方向に傾いていく」と言いましたが、これは起こりようがありません！　なぜ？　スピンの方向がだんだんと傾いていくということはスピンの方向が無数にあることを物語っています。しかしスピンの方向は量子化されていて、図6-3に見られるようにZ軸に対してたった2つの方向しかなく、その他の方向を取ることは許されていません。したがっていったん電子が磁場のある空間に入ったら電子のスピンの方向は磁場

の方向（Z軸方向）に対してたった2つで、スピンの方向がだんだんと変化するなどということは許されないのです。もし磁場を走っている最中の水素原子の電子のスピンの方向を、その途中のどこでもよいので（磁場に突入した直後でもよい）測定したとすると、測定結果は「上向き」か「下向き」のどちらかしか出ません。水素原子がシュテルン゠ゲルラッハの装置に入る前、そのスピンの状態は観測しない限り皆目見当がつきません。したがって装置に入り込む前のスピンの状態はZ軸（磁場の方向）に対して上向き状態のスピンと下向き状態のスピンが重なり合った状態となります。シュテルン゠ゲルラッハの実験装置の大型磁石は決してスピンの向きを徐々に変える役目をするのではありません。上下スピンの向きが重なり合った状態から上か下かを選び出す装置なのです。

右巻きの素粒子と左巻きの素粒子

この世にニュートリノと称される素粒子があります。ニュートリノもスピンしていますが電荷を持っていないので磁石にはなっていません。ニュートリノのスピン量子数は電子と同じく1/2です。スピンの方向は与えられたZ軸からの傾きで決められ、スピン量子数が電子もニュートリノも1/2であるということはそのZ成分は2つしかないことになります。

しかしスピンの方向を決めるのにもっと巧妙な手があるのです。素粒子の直進運動する運動方向（つまり運動量の方向）とスピンの方向を比較するのです。スピンの方向と運動量の方向が平行な場合、その素粒子は右巻きスピンを

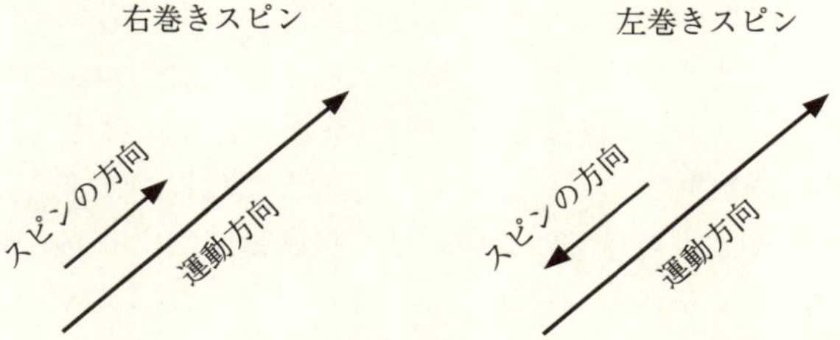

第6章 「私の方程式は私よりも賢い」

右巻きスピン　　　　　　　　　左巻きスピン

図6-4　スピンの方向(「右巻き」「左巻き」)を決める方法

持っているといい、スピンの方向と運動量の方向が反平行になっている場合にはその素粒子は左巻きのスピンを持っているといいます(図6-4)。右巻きスピンは右ネジに相当し、左巻きスピンは左ネジに相当します。ネジの進む方向が素粒子の進む方向すなわち運動量の方向です。

ところがこの「右巻き」あるいは「左巻き」は観測者と素粒子との間の相対速度に依存します。地上にいる観測者が右巻きスピンを持つ素粒子を眺めていたとします。もしこの観測者が素粒子の走る方向と同じ方向に素粒子の速度より大きい速度で走ると、観測者は素粒子を追い抜いてしまいます。この走っている観測者からその素粒子を眺めると走る方向が逆向きになりますから、素粒子のスピンの方向は反転し、観測者が走る前は右巻きスピンであったのが今度は左巻きスピンになるというわけです。

ただしもし素粒子が光速度で走っている場合は、光速度以上で走れる観測者は実在しませんから、スピンの反転は起きません。素粒子が光速度で走れるのは質量(正確には静止質量)がゼロの場合です。光子の質量はゼロです。

右巻きスピンとか左巻きスピンは物理状態を表しますか

213

ら、量子力学的には波動関数で表されます。誰も見ていない時、つまり素粒子のスピンの状態がさっぱりつかめていない時は、「右巻きスピンの波動関数」と「左巻きスピンの波動関数」との重ね合わせとして表されるのです。言い換えると、誰も見ていない時は素粒子は同時に右巻きの状態であって左巻きの状態でもあるのです。実際に観測した時に右巻きか左巻きかが決定されます。

フェルミオンとボソン

その後、電子ばかりではなくすべての素粒子（内部構造のない粒子）はスピンを持っていることが分かりました。ということは幾つかの素粒子から構成されている粒子もスピンを持つことになります。原子核の構成要素である陽子や中性子もスピンを持ち、原子核自身もスピンを持っています。また光子もスピンを持っています。中にはスピンを持たない粒子もあります。例えばヘリウム原子核の合成スピンはゼロです。また、電荷を持ちさらにスピンも持つ粒子はすべて磁石になっており、磁場と反応します。

スピン角運動量（プラスのZ成分）が$(1/2)\hbar$, $(3/2)\hbar$, $(5/2)\hbar$, $(7/2)\hbar$, ……という値（半整数×$\hbar$）を持つ粒子と、0, $\hbar$, $2\hbar$, $3\hbar$, $4\hbar$, ……という値（整数×$\hbar$）を持つ粒子とでは物理的性質、特に集団的振る舞いが全く異なっていることが分かりました。そこでこれらの粒子を識別するため次のように分類されています。

 フェルミオン：スピン角運動量の値　$(1/2)\hbar$, $(3/2)\hbar$,
      $(5/2)\hbar$, ……

 ボソン： スピン角運動量の値　0, $\hbar$, $2\hbar$, $3\hbar$,……

ちなみに、電子はフェルミオンに属します。

パウリの排他律

1924年オーストリア生まれの物理学者ヴォルフガング・パウリ（Wolfgang Pauli 1900—1958）は「排他律」（Exclusion Principle）という理論を発表しました。排他律はフェルミオンだけに適用される法則です。ですから電子は排他律に従います。この世の中に存在するすべての電子は全く同一のものです。ここに2つの電子があるとします。仮に電子が私たちに見えるとしても、2つの電子を区別することはできません。これは2つの同一の野球のボールとは事情を異にします。2つの野球のボールを顕微鏡などを使って綿密に調べてみれば、どこか何か違う個所が見つかるはずです。部分的に少し色が異なっているかも知れません。手垢の量も異なっていることでしょう。極端な話、ボールを構成している原子の数が2つとも全く同じであることはまずあり得ないことでしょう。一見全く同一のように見えても2つの野球ボールはどこかが違っています。

ところが2つの電子は本質的に区別のつけようがありません。例えば電子が目に見えると仮定して、目をつぶっている間に2つの電子が何回か交換されたとします。その後、目を開けてみてもどっちがどっちなのか、どんな精密測定器を使っても全く分からなくなってしまうのです。電子が幽霊波になっている場合はことさら「区別」ということ自体意味がなくなってきます。いま1つの電子のワンセットの物理状態（エネルギー、スピンの方向）をAと表示し、もう1つの電子のワンセットの物理状態をBと表示し

ます。AとBは異なるセットの物理状態です（異なったエネルギー、異なったスピンの方向）。2つの電子の物理状態をまとめた波動関数を$\Psi(A, B)$と書き表します。波動関数は確率に関する波です。この場合にはどんな確率を意味するのでしょうか？　それは

　　$|\Psi(A,B)|^2 =$ 観測した際に1つの電子の状態がAで
　　　　　　　　　もう1つの電子の状態がBと出る確率

ところが、2つの電子は本質的に識別のしようがないのですから、物理状態AとBを交換しても2つの状態を表す波動関数は全く同じものとなります。つまり

$$\Psi(A, B) = \Psi(B, A) \qquad (6-3)$$

となります。したがって確率もAとBを交換しても変わりません。

$$|\Psi(A, B)|^2 = |\Psi(B, A)|^2 \qquad (6-4)$$

ということになります。

　読者の皆さんは$x^2=4$をxについて解くと、$x=+2$と$x=-2$の2つの解があることをご存じですね。これと同じように（6-4）式は（6-3）式の他にもう1つの異なった状態があることを示し、結局次のように2つの状態が考えられます。

第6章 「私の方程式は私よりも賢い」

$$\Psi(A, B) = +\Psi(B, A) \quad (6-5)$$
$$\Psi(A, B) = -\Psi(B, A) \quad (6-6)$$

右辺にプラスの符号のある（6—5）式を満足するような波動関数は「対称」であると言い、右辺にマイナスの符号のある（6—6）式を満足するような波動関数は「反対称」と言います。いいですか、AとBはそれぞれの電子の物理状態を表しているのですよ。すべてのフェルミオンは反対称の（6—6）式を満足することが分かったのです。電子はフェルミオンですから2つの電子は（6—6）式を満足することになります。

ここで2つの電子が全く同じセットの物理状態（2つの電子とも同じエネルギー、2つともスピンの方向が上向きあるいは下向き）にあるとどうなるかを（6—6）式を使って調べてみましょう。2つとも同じ物理状態ですからAとBは全く同じということでA＝Bと置けます。すると（6—6）式は次のようになります。

$$\Psi(A, A) = -\Psi(A, A)$$

右辺を左辺に移項すると同じ関数$\Psi(A, A)$が加算されるので次のようになります。

$$2\Psi(A, A) = 0$$

左辺にある数値2は明らかにゼロではありませんから右辺がゼロになるためには

$$\Psi(A, A) = 0$$

とならざるを得ません。つまり2つの電子を表す波動関数は消滅してしまうことになります。これは2つの電子が共に存在しないことを意味します。でも最初に2つの電子を想定し、その結果2つとも存在しないという結論が出るのはおかしい。何かが間違っているようですね。それは仮定です。どんな仮定でしたか？ AイコールBと置きましたね。つまり2つの電子が全く同じ物理状態（同じエネルギー、同じスピンの向き）であると仮定したことが波動関数Ψをゼロに追いやったのです。

実際の理論はこれよりもやや複雑で物理状態AやBには2つの電子の位置も加味されています。その結果、2つの電子はその物理状態が全く同じである以上、同じ場所を占めることができないという結論に達するのです。これが排他律というものです。

2つの電子が同じ位置（量子力学的な位置はぼやけています）を占めるには、少なくとも何か1つの物理状態が異なっていなければなりません。エネルギーが全く同じである場合、1つの電子のスピンは上向きでもう1つの電子のスピンが下向きであるなら（スピン反平行）2つの電子は同じ場所を占めることができます。しかしもし2つのスピンの向きが同じ（平行）であるならば、2つの電子は同じ場所に陣取ることは許されなくなります。2つの電子のスピンが反平行にある時、電子はお互いに歩み寄ろうとする傾向があり、そのため2つの電子間の電気ポテンシャル・

第6章 「私の方程式は私よりも賢い」

エネルギーは高くなります。

一方、もし2つの電子のスピンの方向が同じ（平行）であるならば、同じ場所を占めることが許されないので2つの電子はできるだけ離れようとする傾向にあります。そうすると電子間の距離は大きくなって電気ポテンシャル・エネルギーは低くなります。つまり、2つの電子のスピンの向きが平行か反平行かによってそのエネルギーは異なることになります。これは原子物理学、分子物理学、物性物理学、原子核物理学など、広範囲にわたって重要な役割をします。

電子が3つ以上の場合にも全電子に対する波動関数が考えられ、それぞれの波動関数も反対称となり1つの物理状態にはたった1つの電子しか占めることができないのです。しかし3つ以上の電子を扱った反対称の波動関数はもっと複雑になります。

波動関数は徹底的に数学上の波で実体のある波ではなく、観測不可能な幽霊波です。幽霊波であっても数学的にかなり厳密に表されているために、人間（物理学者）は幽霊波を数学的に「いじくり回す」ことができるのです。

原子を使って排他律を説明してみます。水素原子以外の原子には2個以上の電子があり、その原子核は2個以上の陽子と1個以上の中性子から成り立っています。水素原子と異なる点は電子が2個以上入っているために電子同士が電気的に反応し、その結果、原子は水素原子のポテンシャル・エネルギーとは異なるポテンシャル・エネルギーを持つようになります。このポテンシャル・エネルギーを1個の電子に対するシュレーディンガーの波動方程式に盛り込

んでやると、水素原子と同じように量子化されたエネルギー、角運動量、そのZ成分、さらにはスピン角運動量が出てきます。量子化を明示するために電子のスピンの状態（上向き、下向き）を考慮すると水素原子の時と同じように4つの量子数n、ℓ、m、m_sが出てきます。例えば$n=3$、$\ell=2$、$m=-1$、$m_s=1/2$として量子数を与えてやると、電子の物理状態（エネルギー、軌道角運動量、そのZ成分、スピンの向き）が完全に決まります。つまり4つの量子数が1つの完全な物理状態（1つのセット）を決めるということです。

今考えているのは電子が2つ以上ある原子です。パウリの排他律というのは「2つ以上の電子は同じ物理状態を持つことが許されない。1つの物理状態（1つのセット）には1つの電子しか入れない」ということです。電子が原子の一番内側の軌道を占めた場合の物理状態は量子数$n=1$、$\ell=0$、$m=0$、$m_s=1/2$（電子のスピンが上向き）となります。これが1つの物理状態です。この物理状態は1つの電子しか占めることができないのです。

もしこの最も内側の軌道にもう1つの電子が入り込むなら、Z成分のスピン量子数m_sの値は$-1/2$となり2つ目の電子のスピンは下向きにならねばなりません。この物理状態は$n=1$、$\ell=0$、$m=0$、$m_s=-1/2$で、最初の電子の物理状態と2番目の電子の物理状態は異なるわけです。2つのセット（物理状態）で4つの量子数n、ℓ、m、m_sのうちどれか1つだけ異なれば2つの物理状態は異なっていることになります。ですから一番内側の軌道には2つの電子（1つのスピンは上向き、もう1つは下向き）が入り込

め、それ以上の電子が入り込もうとしても n、ℓ、m の値がそれぞれに 1、0、0 と全く同じであるため物理状態も同じになってしまい、入れません。2 番目の軌道は $n=2$ となり、$n=2$ に対しては（4-6）式、（4-7）式、そして（4-8）式に示したように ℓ、m の取り得る値がもっとバラエティに富んでくるので異なった物理状態の数も多くなり、計算の結果（読者の皆さんも計算できないことはありません）、2 番目の軌道には 8 個の電子が入り込めることになります。同じようにして 3 番目の軌道（$n=3$）には18個の電子が入り込めることが分かります。

このようにパウリの排他律に従って電子が最内側軌道より外側軌道に順繰りに占めていき、原子の構造が決まるのです。実際の原子の構造はもっと複雑ですが、各軌道に電子が入り込める電子の数がパウリの排他律によって制限を受けることに変わりはありません。

電子だけではなくすべてのフェルミオンは排他律による制限を受けます。陽子も中性子も原子核を成す構成員ですが、それらもフェルミオンであるために原子核内での陽子や中性子の物理状態はパウリの排他律に支配されています。ここで注意することは、パウリの排他律は電子なら電子だけ、陽子なら陽子だけと、同じ種類のフェルミオンだけに対して作用するものです。ですから原子核内では排他律は陽子と中性子に別個に作用します。

原子の中で電子がどのように配置されているのか、また原子核内で陽子や中性子がどのように配置されているのかはパウリの排他律によって規制されており、そのおかげでバラエティに富んだ色々な種類の原子が存在し、その結

果、色々な化学反応が可能となり、色々な物質や生命体が発生したわけです。

なお、スピンが 0, $\hbar$, $2\hbar$, $3\hbar$, ……のような値を持つ粒子、すなわちボソンにはパウリの排他律は適用されません。2つのボソンの場合は対称の波動関数（6－5）式（右辺がプラス）が適用されるためにA＝Bとしても波動関数が消滅することはなく、それどころかかえって波動関数の振幅は倍加され2つのボソンはお互いに物理状態が同じであることを好むようになります（これには証明がありますが、割愛します）。代表的なボソンは光子で、例えば1万個の光子は全く同じ物理状態を持つことが許されます。このためにレーザー光線は鋭くシャープな細いビームを成すことができるのです。光線が細くシャープだということはそれだけエネルギーが集中しているわけで、レーザーを作り出す装置にそれほど大きな電力を供給しなくてもエネルギー密度の大きな光線を作り出すことができるため工学や医学に利用されています。

水素原子の波動関数 $\Psi_{n\ell mm_s}$ は（4－9）式（147ページ）で与えられているように量子数のセットで表されています。電子のスピンの状態は $m_s\,(=\frac{1}{2},-\frac{1}{2})$ ですので4つの量子数の明示が必要となり全体の波動関数 Ψ は $\Psi_{n\ell mm_s}$ としなければなりません。量子数のセットは、エネルギー（量子数 n）、軌道角運動量（量子数 ℓ）、Z 成分角運動量（量子数 m）、そしてスピンの状態（量子数 m_s）が1組の物理状態を完全に記述します。電子のスピンの状態（上向きか下向きか）を考慮すると、ワンセットの波動関数は唯一の電子の状態を表すことになります。電子はフェルミオ

ンであるため2つ以上の電子（例えば100個の電子）の状態は同じセットで表された同じ波動関数で表すことはできません。1個1個の電子は異なった反対称波動関数〔(6-6)式参照〕で表されます。

一方、同じ種類のボソンは1兆個でも全く同じ対称波動関数〔(6-5)式参照〕で表されます。これがレーザー光線がコヒーレントな波で構成される原因となっています。

最も基本レベルでの力には4種類あります。それらは強い順に「強い力」、「電磁力」、「弱い力」、そして「重力」です。基本レベルでの力とは素粒子レベルでの力という意味です。原子核の構成要員である陽子や中性子は3つのクォークと呼ばれる素粒子から出来上がっており、クォーク同士は「強い力」によって結び付けられています。「強い力」はまた「色力」(color force) とも呼ばれています。電磁力はおなじみの電気力や磁力のことで、この2つの力は統合されていて電磁力と呼ばれているのです。電子が原子核の周りを回っていられるのはこの電磁力のおかげです。「弱い力」は原子核が放射性崩壊する時に作用する力です。最後の「重力」もおなじみの力です。これら4つの力は全て粒子の交換によって生じるのです。この交換される粒子は「ゲージ粒子」と呼ばれています。ゲージ粒子のスピンは$\hbar$の整数倍になっていて、すべてボソンです。

現在の素粒子物理学はすべて「標準理論」という理論で説明されます。標準理論によると普通の物質を作っている最も基本的な素粒子は2種類のクォークと電子だけで、クォークも電子もフェルミオンです。物質はフェルミオンで

なければ形成されません。また物質を形成するにはフェルミオン同士を糊付けする役目をするゲージ粒子が必要で、ゲージ粒子はボソンであるということになります。

ゲージ粒子の作用でフェルミオンである素粒子がいくつか結合されて１つの複合粒子が出来上がります（例えば陽子や中性子、あるいは原子核）。複合粒子は構成要素がフェルミオンであってもボソンになることがあります。例えばヘリウム原子核は２つの陽子と２つの中性子とから構成されておりその合成スピンがゼロとなっているので、ヘリウム原子核全体としてはボソンです（ゼロは整数！）。さらにヘリウム原子核の周りをうろちょろしている電子の数も２つで、パウリの排他律によって２つの電子のスピンの方向がお互い反対向きになっていて合成スピンはゼロです。したがってヘリウム原子もボソンとなります（ヘリウムの場合、原子も原子核も共にボソンということです）。

そうすると膨大な数のヘリウム原子は同じ物理状態を占めることができます。常温（室内温度）ではこの膨大な数のヘリウムは気体（ガス）として存在し、それぞれが勝手気ままな運動エネルギーをもって動き回っていますが（といっても温度が一定の場合はボルツマン統計法則に従う）、普通の圧力（１気圧前後）の下ではガスの温度が絶対温度4.18度（－269度Ｃ）になるとヘリウム・ガスは液化し液体ヘリウムとなります。この液化する温度（－269度Ｃ）でもすでに相当に低いにもかかわらず、液体ヘリウムの温度をこれ以下にいくら下げても固体（例えば氷みたいに）にはなりません。

ところが、温度がさらに下がって－271度Ｃ（絶対温度

2.18度)になるとドラマチックな変化が起こります。ヘリウム原子はボソンであるがゆえに膨大な数のヘリウム原子全部が全く同じ物理状態(同じエネルギー、同じ運動量)になり、勢揃いして行進する兵士のごとく、全ヘリウム原子が全く同じように振る舞うのです。まるで膨大な数のヘリウム原子が1つの大きな原子になってしまったかのようです。1つの振る舞いとして、このような液体ヘリウムの中に空っぽの試験管を途中まで差し込むと、試験管の外側の液体ヘリウムが試験管の壁をつたって試験管の内側に入ってきます。普通の液体ではこんなことは起きません。ヘリウム原子がボソンであるからこそ起こる現象です。そしてこれはレーザー光線と同じようにボソンの集団的振る舞いの1つの例です。

このように素粒子(あるいは粒子)のスピンというものは、自然現象に大きな役割を果たしていることが分かります。素粒子のスピンのおかげでこの世の中が出来上がったとも言えましょう。素粒子のスピンは量子力学によってのみ扱える物理量です。

私の方程式は私よりも賢い!

1905年、アインシュタインによって発表された特殊相対性理論によれば、光の速度は観測者の速度に依存せず、また光を出す光源の速度に依存することもなく、どのように測定されても常に同じである、ということです。速度というものは走った距離をかかった時間で割ったものと定義されています。また距離というものは空間があってはじめて存在するものですから、「空間での2点間の距離」という

ことになります。そうすると光の速度は次のようになります。

$$光の速度 = \frac{空間}{時間} = 一定$$

光の速度は観測者や光源の速度に関係なく絶対的にただ1つの値しかない（秒速30万キロメートル。それ以上でもそれ以下でもない）ということからすると、この光の速度の定義から空間と時間はお互いに無関係ではないということになり、時間は空間と同等に扱われなければならなくなります。空間は空間、時間は時間と別個に考えてはならないということです。つまり3次元空間と時間を一緒にしなければならず、時間を考慮すれば私たちの世界は4次元時空となります。

ここで（4−3）式（115ページ）で表されているシュレーディンガーの波動方程式をもう一度見てください。式の左辺は波動関数Ψが空間座標〔例えば(x, y, z)〕について2回微分されていて、右辺は時間tについて1回だけ微分されています。これでは明らかに空間と時間が別個に取り扱われていることになります。したがってシュレーディンガーの波動方程式は特殊相対性理論の要請を満足していないことになります。さらにこの方程式では電子の持つ運動エネルギーの数式の表示は非相対論的になっています。シュレーディンガー自身これらのことに気がついていましたが、相対論的に理論を推し進めると色々と難問題が生じるために断念してしまったようです。

1928年、イギリスのポール・ディラック（Paul Dirac

第6章 「私の方程式は私よりも賢い」

1902—1984)は相対論にマッチするような波動方程式を完成させました。しかしこれには大変な困難が伴ったのです。まずディラックは空間座標についても時間座標についても波動関数が1回だけ微分されている方程式を作り上げようとしました。

特殊相対性理論から、質量mキログラムの物体は静止していてもエネルギーを秘蔵しておりその量はmc^2で表されます。この場合のmは静止質量と呼ばれています。物体を走らせるにはその物体に外からエネルギーを加えなければなりません。物体に与えたエネルギーは質量に変換されてその物体の質量に加算されるため、物体にエネルギーを連続的に加え続けていって加速させると物体の質量はどんどん増えていきます。質量が増えるとますます加速しにくくなります。荷物を満載した大型トラックは加速するのに時間がかかってしまうことを思い出してください。物体を加速し続けるとだんだん光の速度に近づいていきますが、その質量も増えていき、光の速度に達すると物体の質量は無限大になってしまいます。無限大の質量を加速することはできません。そもそも無限大という量はこの世に存在しないのです。無限大はあくまでも数学上の量です。したがっていかなる物体も光速度まで加速することは全く不可能ということになります。

一般に$E=mc^2$という式に現れるmには速度によって増えた質量も加味されています。しかしエネルギーEを静止質量mで表した方が便利である場合が多いのです。それは$E=mc^2$という表現だけを見つめていたのではmがどのくらいの速度の時の質量を表すのかハッキリしないからで

す。粒子が走っている場合でもその全エネルギーEを静止質量mで表した方がより便利でより一般的です(注:各種の粒子に対する質量表に見られる粒子の質量はすべて静止質量です)。この一般的なエネルギーEの式は次のように表せます。走っている粒子は運動量を持つのでその全エネルギーEの2乗は

$$E^2 = (pc)^2 + (mc^2)^2 \qquad (6-7)$$

となります。ここにmは粒子の静止質量を表し、pは運動量を表します。この式は2乗されているので、エネルギーEを得るには(6-7)式の平方根を取ってやればよいのです。この式が一般的であるというのは質量を持たない光子にも適用できるからです。光子の静止質量はゼロですからそのエネルギーは(6-7)式で単に$m=0$とおけばよいのです。したがって光子のエネルギーは$E=pc$となります。相対論的波動方程式はどうしても(6-7)式を満たさねばなりません。この式は2乗された形になっています。2を2乗しても-2を2乗してもどちらも同じ4になります。したがって(6-7)式はプラスのエネルギーの他にマイナスのエネルギーを含んでいることになります。

　ディラックは、(6-7)式を満足させるような波動方程式を作り上げるには常套手段ではできないことに気がつきました。その結果、思いもよらぬ微分方程式を導き出したのです。

　ではどんな微分方程式となったのでしょう? ディラックは4行4列の行列を使って「相対論的波動方程式」を導

き出したのです。これが「ディラックの波動方程式」として知られるようになりました。とりあえずここに自由電子に対するディラックの方程式を披露しておきます。

$$[\frac{\hbar c}{i}\boldsymbol{\alpha} \cdot \nabla + \boldsymbol{\beta} mc^2]\Psi = i\hbar \frac{\partial \Psi}{\partial t} \qquad (6-8)$$

ここに$\boldsymbol{\alpha}$と$\boldsymbol{\beta}$は4行4列の行列を表します。また記号∇は空間座標（x, y, z）についての1階の微分を表します。

$$\nabla = \frac{\partial}{\partial x}\boldsymbol{i} + \frac{\partial}{\partial y}\boldsymbol{j} + \frac{\partial}{\partial z}\boldsymbol{k}$$

このベクトル微分演算子において$\boldsymbol{i}$、$\boldsymbol{j}$、$\boldsymbol{k}$はそれぞれX軸、Y軸、Z軸方向の単位ベクトルを表します。

ディラックの波動方程式（6－8）式は空間座標についても時間についてもどちらも1階の微分となっています。（6－8）式は4行4列の行列で表されているため、波動関数Ψは4つの成分から成ることになります。

繰り返しますが、（6－8）式は原子の中の電子などのように束縛されている電子に対する波動方程式ではなく、何の束縛も受けていない、空間を自由に飛んでいる自由電子に対する波動方程式です。そのような自由電子であっても勝手に設定された座標系の原点に対して一定の角運動量を有するのです（図6-5参照）。

角運動量はmvrで表され（定義され）、rは座標原点か

ら電子の位置までの距離、mvは電子の持つ運動量です。図6-5において電子が直進運動していてもmvr（角運動量）の値はゼロとはならず、したがって座標原点に対して角運動量を持ちます。この角運動量は軌道角運動量と同じ類のもので、時間と共に変化することはなく一定です。実際の角運動量はベクトル量ですので$r \times mv$とベクトル積で表され、$r \times mv$は一定のベクトル量となります。しかし、この場合mvrは一定ではありません。（図6-5に基づく限り）。

一定の角運動量とは角運動量が時間的に変化しないということで、角運動量は保存されることを意味します。

ところがディラックの波動方程式（6－8）式からは、電子の角運動量が保存されているという事実は出てこなかったのです。ディラックは無駄骨を折ったのでしょうか？いや、角運動量の他にもう1つ別の角運動量を加えるとその2つの角運動量の和は保存される（一定となる）ことが分かったのです。このもう1つの角運動量は電子のスピン

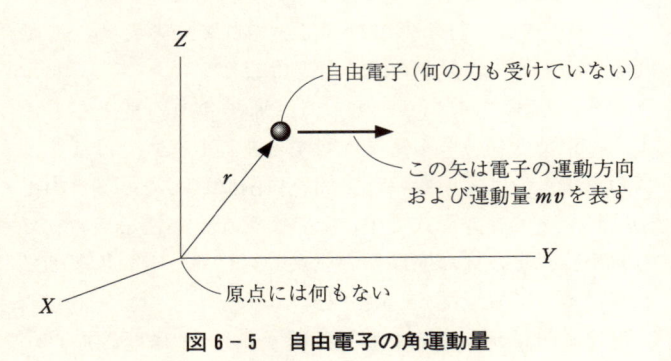

図6-5　自由電子の角運動量

第6章 「私の方程式は私よりも賢い」

がもたらす角運動量であることが分かりました。mvrで表された角運動量(実際は量子力学による表示)とスピン角運動量を足し合わせた全角運動量は時間と共に変化しない、すなわち保存される、ということが分かったのです。つまりディラックの波動方程式からは普通の角運動量と電子のスピン角運動量を足し合わせた全角運動量が保存されるという結果が出るのです。

ということは、ディラックの波動方程式には電子のスピンがすでに盛り込まれているということになります。ディラックの式は特殊相対性理論からの要請を満足するように組み立てられたものですから、電子のスピンは特殊相対性論的な特性であるといえます。ですからディラックの波動方程式を解いて得られる波動関数Ψには電子の2つのスピンの状態(上向きと下向き)が入っているのです。このことは、ディラックの波動方程式はスピン量子数が1/2の粒子(フェルミオン)にしか当てはまらないことを意味します。

ところがディラックの式から出てきたのは電子のスピンだけではなかったのです。ディラックの式は4行4列から出来上がっているため、その波動関数は4つの成分から成り立っているということはすでに述べました。これは次のように書き表せます。

$$\Psi = \begin{pmatrix} \Psi_1 \\ \Psi_2 \\ \Psi_3 \\ \Psi_4 \end{pmatrix} \qquad (6-9)$$

電子の波動関数Ψの4つの成分はどんな意味を持っているのでしょうか？　これに対する答えはちょっと込み入っています。

まず空間をまっしぐらに走っている自由電子の持つ運動エネルギーはプラスの値を持っています。なぜなら $E=mc^2$ の値はプラスだからです。ところが一般式である（6－7）式はプラスのエネルギーの他にマイナスのエネルギーも含んでいます。（例えば方程式 $x^2=4$ を x について解くと $x=+2$ と $x=-2$ の2つの解が現れます）。ディラックの波動方程式（6－8）式は（6－7）式に基づいているのでプラスのエネルギーの他にマイナスのエネルギーを含んでいます。

当時（1928年以前）、マイナスのエネルギーを持つ電子を波動方程式に導入するとマイナスの確率が出て来るという、きわめて非現実的な結果が表れたのです（－30％などというマイナスの確率は意味がありません）。また、マイナスのエネルギーがあるとすると、マイナスのエネルギーはプラスのエネルギーよりも小さい（低い）ため、より安定な状態となり、プラスのエネルギーを持つ粒子はより安定なマイナスのエネルギー状態にどんどん落ちていって膨大なエネルギーをもつ光子を放出することになります。こんなことは起こっていません。結局、マイナスのエネルギーを容認するとプラスのエネルギーを持つ粒子はきわめて不安定となってしまいます。しかしディラックは「あっ、そう」と簡単にあきらめず、その意味を深く追究し、その結果（6－8）式を導き出したのです。

第6章 「私の方程式は私よりも賢い」

　さらにディラックによると、マイナスのエネルギーを持つ電子はいかなる観測器にも引っかかることはなく、無数のマイナス・エネルギーの電子が空間（真空）を埋め尽くしているというのです。電子はフェルミオンであるために、パウリの排他律に従って空間を埋め尽くしているのです。原子の中の軌道のように、真空には電子に色々な物理状態を与える「軌道」みたいなものが無数にあるのです（原子の中にあるような軌道ではありませんが便宜上「軌道」と呼ばせてもらいます）。1つの物理状態は1個の電子しか占めていません。すべての「軌道」はマイナス・エネルギーの電子によってことごとく占められており、空席はありません。観測に引っかからないということは存在していないことと同じことになりますが、このようなマイナス・エネルギーを持つ電子は時間を逆行して（未来から過去に向かって）走るとも解釈されています。

　今もし真空にエネルギーを供給してある特定の「軌道」を占めているマイナス・エネルギーの電子を1個叩き出してみましょう。この叩き出された電子はエネルギーを吸収したためにプラスのエネルギーを持つようになります。プラスのエネルギーとなった電子は実際に観測される普通の電子となります。電子が叩き出された後の「軌道」には空席が出来ます。この空席はぽっかり空いた「穴」のようになり、実際に観測されるのです！　この「穴」は水の中に出来た泡のようなものです。もしかしたら水の中にいる魚には水そのものは見えないのかもしれません。その場合、水がマイナス・エネルギーの電子で埋め尽くされた空間に喩えられます。魚に水そのものが見えないように、マイナ

233

ス・エネルギーの電子は私たちに見えないのです。しかし水のなかに泡が出来ると、魚はその泡の存在に気づくことでしょう。

さてマイナス・エネルギーの電子が叩き出された後に出来た「穴」はプラスの電荷を持った粒子のように振る舞います。さらにこの「穴粒子」は普通の電子とその物理的性質が全く同じなのです。ただ違うのは電荷の符号がプラスであることです。しかも電荷の量は電子の電荷と全く同じです。このプラスの電荷を持つ「穴」は陽電子（positron）と命名されました。電荷の符号が逆である以外は陽電子と電子は「瓜ふたつ」です。結局、陽電子は電子の反粒子（反電子）という結論に達したのです。ディラックの方程式の解である（6－9）は4つの成分から成っていますが、これはプラスのエネルギーに対する解とマイナスのエネルギーに対する解があり、さらに電子と反電子のスピンの方向がそれぞれ2つあるためです。

先にも述べましたようにマイナス・エネルギーを持つ電子は未来から過去へと時間を逆行して走ると解釈されますが、これはプラスのエネルギーを持つ電子が時間を（過去から未来へ）順行すると「再解釈」されます。

結局、ディラックの波動方程式（6－8）式には「電子のスピン」と「反電子」すなわち陽電子が盛り込まれていたということになります。これはなんとなく「棚からぼたもち」という感じもしないわけではありませんね。これを知ったディラック自身「私の方程式は私よりも賢い」と言ったそうです。結局ディラックは特殊相対性理論を使い、それに付随する避けることのできないマイナス・エネルギ

第 6 章 「私の方程式は私よりも賢い」

一の電子を容認したばっかりに、陽電子（反電子）の存在を理論的に予言したことになります。

シュレーディンガーは特殊相対性理論に合致した波動方程式を得ましたが、マイナスのエネルギー、マイナスの確率、電子のスピンなどの問題が持ち上がったためにその方程式を断念し、公に発表することはありませんでした。ところが、あとになってオスカー・クライン（Oskar Klein 1894—1977）とウォルター・ゴルドン（Walter Gordon 1893—1939）がいわゆる「クライン=ゴルドンの方程式」（Klein-Gordon Equation）を発表しました。この式は事実上シュレーディンガーが得たものと同じで、228ページにある相対論的エネルギー式（6 — 7）に基づいています。つまりクラインとゴルドンは $E^2=(pc)^2+(mc^2)^2$ を使って次のような式を得たのです。

$$\left[\frac{\partial^2}{\partial(ct)^2}-\nabla^2\right]\phi+\left(\frac{mc}{\hbar}\right)^2\phi=0 \qquad (6-10)$$

ここに ϕ は波動関数を表し、m は粒子の静止質量です。

この式は元々特殊相対性理論におけるエネルギー式（6 — 7）に基づいているため、必然的に時間に関しても空間座標に関しても2回微分されていて、特殊相対性理論に合致した波動方程式になっています。しかし何度も言うように、この式を解くとプラスのエネルギーの他にマイナスのエネルギーも出て、またマイナスの確率も出てきます。さらにこの式は全くスピンを含んでいません。しかしクライ

ン=ゴルドンの方程式はスピンを持たない粒子に対して成り立つことが分かりました（電子に対しては成り立ちません）。例えば湯川博士が予言した（そして実在する）パイオンと呼ばれる中間子はスピンを持っていません。

　しかしそれでもなお、マイナスのエネルギーやマイナスの確率などの問題は依然として残りました。このためクライン=ゴルドンの方程式も葬られてしまったのです。ところがこの方程式に現れる波動関数ϕを場とみなし、それを量子化すると（第二の量子化）マイナスのエネルギー問題もマイナスの確率問題もいっきょに解決され、クライン=ゴルドンの方程式は復活して現在に至っています。クライン=ゴルドン方程式はスピンを持たない（スピン量子数がゼロの）粒子に対する場の方程式なのです（ディラックの方程式はスピン量子数1/2を持つ電子に対する場の方程式）。

　元々クライン=ゴルドンの方程式はたった1個の粒子に対する方程式なのですが、スピンがゼロである粒子の波動関数ϕ（場とみなす）を量子化するとたくさんの粒子が現れ、1組の量子状態に幾つでも際限なく粒子が現れます（実際には無限個の数はありませんが）。つまり、クライン=ゴルドンの方程式は「パウリの排他律」に従わず、粒子の数に制限を受けないことになります。さらに粒子のエネルギーはプラスとなり、マイナス・エネルギーの粒子はプラス・エネルギーを持つ反粒子として現れるのです。

　またさらにマイナスの確率密度が出てきますが、これは結局電荷密度となり、電荷にはマイナス電荷が実在する以上マイナス電荷密度はいっこうに矛盾とはなりません。こ

第6章 「私の方程式は私よりも賢い」

のようにしていったんは葬られた方程式も完全に復活したのです。シュレーディンガーがこれを知ったらさぞかし驚いたことでしょう。

さてディラック方程式に戻りましょう。実は数学的になりすぎると思って数学的解釈を今まで避けてきたのですが、229ページの（6－8）式すなわちディラックの方程式には**α**と**β**というギリシャ文字が入っています。ディラックは量子力学を相対性理論の要請に合致させるためには理論の構成上**α**と**β**はどうしても（そうです。〝どうしても〟）4行4列の行列にならざるを得ないと判断したのです。

αはx成分（α_x）、y成分（α_y）、z成分（α_z）と3つの成分を持っています。4行4列の行列とは次のように表されるのです。

$$\boldsymbol{\alpha}_x = \begin{pmatrix} 0 & 0 & 0 & 1 \\ 0 & 0 & 1 & 0 \\ 0 & 1 & 0 & 0 \\ 1 & 0 & 0 & 0 \end{pmatrix} \boldsymbol{\alpha}_y = \begin{pmatrix} 0 & 0 & 0 & -i \\ 0 & 0 & i & 0 \\ 0 & -i & 0 & 0 \\ i & 0 & 0 & 0 \end{pmatrix}$$

$$\boldsymbol{\alpha}_z = \begin{pmatrix} 0 & 0 & 1 & 0 \\ 0 & 0 & 0 & -1 \\ 1 & 0 & 0 & 0 \\ 0 & -1 & 0 & 0 \end{pmatrix} \boldsymbol{\beta} = \begin{pmatrix} 1 & 0 & 0 & 0 \\ 0 & 1 & 0 & 0 \\ 0 & 0 & -1 & 0 \\ 0 & 0 & 0 & -1 \end{pmatrix}$$

ここに $i = \sqrt{-1}$ を表す。

ディラックはこの4行4列の行列で表された**α**と**β**に電

子のスピンが隠されていることに気づいたのです。なぜなら、ウーレンベック、ハウトスミット、パウリ等によって、電子のスピンの数学的な表示は行列で表されることがすでに分かっていたからです。興味のある方は量子力学の教科書に出てくる「パウリ・スピン行列」(Pauli spin matrices) を参照してください。いいですか、量子力学に相対性理論の要請を満足させるためには、(6－8) 式の中に出てくる $\boldsymbol{\alpha}$ と $\boldsymbol{\beta}$ は4行4列の行列でなければなりません。するとそれらの行列の中に必然的に電子のスピンが現れたということなのです。つまりディラックは初めから電子のスピンを組み込もうと必死になって波動方程式を作り上げたわけではなく、相対性理論にマッチさせようとした結果、スピンが出てきてしまったのです。何というすばらしい理論でしょう。

結局、電子のスピンというものは相対性理論の要請から出てきたのと同じことになり、相対論的な物理量ということになります。こうなると非相対論的なシュレーディンガーの式に電子のスピンが組み込まれていないのは当然といえます。

しかし後になってクライン＝ゴルドンの方程式と同じようにディラックの方程式の波動関数 Ψ も場と見なされ、それを量子化（第二の量子化）することによって、マイナスのエネルギーはプラスのエネルギーをもつ反電子に置き換えられました。ただしディラックの場 (Ψ) を量子化する際どうしてもある細工をせねばならず、この細工がパウリの排他律をもたらしたのです。

ディラックの波動方程式を水素原子に当てはめてみる

第6章 「私の方程式は私よりも賢い」

と、驚いたことに（また何と幸運なことに）、これまた紙と鉛筆だけを使って完璧に解くことができるのです。コンピュータは要りません。しかしその解法はシュレーディンガーの方程式よりもさらに込み入ってはいます。ディラックの波動方程式の解から水素原子のいっそう精密なエネルギーが求められました。

電子は陽子の周りを回っていますが、陽子はプラスの電荷を持っているためその近くの空間に電場を作ります。したがって電子はこの陽子が作り上げた電場の中を動いていることになります。電磁気理論あるいは特殊相対性理論によれば、電場の中を粒子が動いているとその粒子は磁場（電場ではない！）を感じます。したがって陽子の周りを回っている電子は常に磁場を感じています。スピンしている電子は極微の磁石になっているので電子はこの磁場と反応します。この反応は「スピン軌道相互作用」と呼ばれ、水素原子のエネルギーに影響を与え、変化をもたらします。このエネルギーの変化は極めて精巧な分光器を使って知ることができ、実際に観測されました。これは電子のスピンがディラックの式にすでに盛り込まれているからこそ出てきた結果です。こうしてディラックの波動方程式は当時の物理界に一大センセーションを巻き起こしました。多くの物理学者達がディラックの式に飛びついたようです。ディラックはこの業績により1933年、シュレーディンガーと共にノーベル物理学賞を授与されました。

結局ディラックの波動方程式は電子のようなスピン量子数が1/2の粒子（パウリの排他律に従うフェルミオン）にしか当てはまりませんが、スピン・ゼロ（ボソン）に対す

る相対論的波動方程式は「クライン=ゴルドンの波動方程式」として知られています。

反粒子（陽電子）の発見

アメリカの物理学者カール・アンダーソン（Carl Anderson 1905―1991）は学生時代を含めてカリフォルニア工科大学（California Institute of Technology 略してキャルテック）に一生身を捧げた人でした。アンダーソンは1932年当時、宇宙線（宇宙からやって来る高エネルギー粒子）の研究をしていましたが、宇宙線の中から陽電子を発見したのです。その時アンダーソンはディラックの理論をまだ知りませんでした。電荷を持つ粒子（荷電粒子という）は磁場の中で走ると円運動もしくは螺旋運動をします。もし荷電粒子の速度が磁場の方向と直角を成していると荷電粒子は円運動をするのです。つまり電子は直角に磁場の中に入り込むと円運動します。

ある日アンダーソンは宇宙線の粒子が磁場の中で円運動するのを観察しましたが、これはてっきり電子が紛れ込んで来たのだろうと思ったわけです。ところがよく観察しているうち、円運動の回転の方向（右回りとか左回りとか）が電子の場合と全く逆になっていることに気づきました。聞くところによると、アンダーソンはフィルム（ネガ）を裏表逆にして見てしまったのではないかと思ったそうです。回転直径も電子の円運動と全く同じで、つまり回転の方向を除けば、この粒子の円運動は事実上、電子の回転運動と同じだったのです。回転方向が違う唯一の原因はその粒子の電荷の符号が電子の符号と逆であるということで

す。電子はマイナスの電荷を持っているのでこの粒子はプラスの電荷を持っていることになります。さらにこの粒子のプラスの電荷の量は電子のそれと全く同じだったのです。すなわちアンダーソンは、プラスの電荷を持ち、しかも電子と極めてよく似た、電子と同じ質量を持つ粒子を発見したのです（注：実験では、宇宙線粒子が鉛の板を通過させることによってそのスピードを落とし、結果、円運動の直径が変わることを利用して粒子の電荷がプラスであることを確認しています）。結局、この粒子はディラックが予言した陽電子であると認定されました。かくてアンダーソンは1936年、陽電子の発見者としてノーベル物理学賞を獲得しました。

その後、電子の反粒子ばかりではなく、すべての素粒子にはその反粒子があることが決定的となりました。粒子とその反粒子は同じ量の電荷を持っていますが、決定的な違いは電荷の符号が逆になっているということです。陽子はプラスの電荷を持っていますが反陽子はマイナスの電荷を持っています。電荷ゼロの中性子の反粒子（反中性子）は電荷がなくとも中性子とは異なります。というのも中性子は素粒子ではなく、3つのクォークから出来上がっているからです。

光子のように電荷を持たない素粒子（内部構造のない無電荷粒子）の反粒子は粒子と区別がつきません。したがって光子の場合は粒子イコール反粒子ということになります。

反陽子と反中性子から出来ている原子核は反原子核となります。反原子核の周りを反電子（陽電子）が回っている

と、それは反原子となります。膨大な数の反原子が寄り集まると「反物質」を形成します。しかしこの自然界には反物質は全く見当たりません。なぜそうなのかは現在最先端の研究課題のひとつになっています。

電子と陽電子のみならず、電荷を有するすべての粒子の反粒子の電荷は、粒子のそれと反対符号になっています。単に符号が反対になっているだけではなく、粒子の電荷とその反粒子の電荷は全く同じ量なのです。ですから粒子とその反粒子はお互いに電気引力を受けてくっつく傾向にあります。くっつくとプラスとマイナスが相殺されて全電荷量はゼロなります。ことはこれだけに収まらず、粒子とその反粒子がくっつくと、どちらも完全に消滅してしまうのです。しかしくっつく前は粒子もその反粒子もエネルギーを持っていたので、くっついて2つの粒子が消滅してもエネルギー保存の法則からエネルギーは消滅しません。ですから粒子と反粒子（2つの質量）が消滅するとそこに電磁波が発生するのです。この電磁波の持つエネルギーが消滅前に持っていた2つの粒子の全エネルギーに等しいのです。したがって反粒子の最も顕著な特徴は、粒子と結合すると消滅してしまうところにあります。

「対称」ということに固執すると、この宇宙が誕生した時点では粒子の数と反粒子の数が同数ずつあったはずです。しかし、もしそうだとすると、粒子と反粒子がくっついて消滅してしまい、現在の宇宙には安定した物質はないということになります。現在の宇宙が粒子で出来ているということは、宇宙誕生後何らかの理由で粒子の数が反粒子の数よりも多くなったということになります。現在このメカニ

ズムを「CP対称性の破れ」という理論を使って解き明かそうとしています。

粒子の生成消滅と場の量子論

「場の量子論」という重要な理論があります。これは簡単に述べると波の振幅を量子化する理論です。「量子化」とは連続的に変化する物理量を飛び飛びに変化する量に変えることで、飛び飛びに変化した量は1つ2つとハッキリと数えることができ、1つ1つの量は「量子」(quantum)と呼ばれています。

電磁波を量子化すると光子(粒子)が現れます。シュレーディンガーの波動方程式やディラックの波動方程式を解くと粒子に対する波動関数(波)が得られ、それによって粒子の持つ物理量(エネルギーや角運動量など)が量子化され飛び飛びに変化するようになります。電磁波の量子化にならって粒子に対する波動関数(波)を量子化してやるのです。結局、粒子の物理量の量子化、そしてその波動関数の量子化と量子化を2度することになり、波動関数の量子化は第二の量子化(second quantization)と言われます。電磁波は電場と磁場の振動の伝播ですが、粒子に対する波動関数(波)を電磁波と同じように扱い、波動関数Ψを「場」として取り扱い、その場を量子化するのです。

ディラックの波動方程式は電子(フェルミオン)に適用されますが、その波動関数Ψは電子に対する「電子場」を表します。前に電子波はいったい何が振動しているのかということを考えましたが、「電子場」が振動していると言えましょう。しかし電子場には実体がありません。この電

子場を量子化するのです。

　しかし電子場を量子化するためには、どうしてもある制約が出てきます。それは1組の物理状態（1つのエネルギー、1つの運動量、1つの角運動量、1つのスピンの方向など）にはたった1個の電子（フェルミオン）しか入り込めないということです。つまり2つ以上の電子が同じ物理状態にあることは決してないのです。これはパウリの排他律に他なりません。

　またスピン角運動量がゼロである粒子（ボソン）はクライン=ゴルドンの波動方程式を満足しますが、その波動関数（場として扱われる）を量子化する際、排他律のような制約は出てきません。フェルミオンとかボソンとかいった概念は「場の量子論」からの帰結です。

　場の量子化は生成演算子（creation operator）と消滅演算子（annihilation operetor）によって行われます。波動関数はその演算子となるのです。より厳密に言うと、波動関数をフーリエ成分に分解し、その係数が生成演算子や消滅演算子になるのです。場が量子化されるということは粒子が生成されたり消滅したりすることを意味します。電子の波動関数、つまり電子場を量子化すると電子の生成および消滅が起こるために「粒子性」が現れ、また電磁波を量子化すると光子の生成および消滅によって「粒子性」が現れます。したがって場の量子化によって「粒子性」と「波動性」がいっそうハッキリしたわけです。

　粒子である電子に量子力学を適用すると電子は波動関数（電子場）となり、その波動関数を量子化すると再び粒子となるというのはおかしく感じるかもしれませんが、電子

第6章 「私の方程式は私よりも賢い」

に場の量子論を適用すると電子の生成や消滅という現象を取り扱うことができるのです。この「粒子の生成消滅」が場の量子論の特徴と言えましょう。

素粒子と素粒子の反応は波動関数同士の反応となりますが、一般に素粒子反応においては、その結果全く新しい素粒子が生成され元の素粒子は消滅してしまいます。素粒子の生成や消滅が現れる限り波動関数の解釈、つまり$|\Psi|^2$が粒子の存在確率を表すということが意味をなさなくなります。Ψはむしろ「場」と解釈された方が的確なのです。2つの粒子が空間を隔てて反応する場合、1つの粒子がもう1つの粒子に引力や斥力を与えます。この場合、力は空間（真空）を伝わります。素粒子を波動関数すなわち「場」とみなしその場の量子化によって素粒子反応を記述するのです。

第1章で紹介したプランクの黒体放射理論や第2章で紹介したコンプトン散乱なども場の量子論を適用するとみごとに説明できるのです。コンプトン散乱の場合はX線光子が電子にぶつかると光子は消滅し、そこから新しい光子が生成されます。結局、ディラックの方程式やクライン=ゴルドンの方程式は場の方程式とみなすことができるのです。

第7章
トンネル効果？ それがどうした！

障壁ポテンシャルって何だ？

　量子力学の本には必ず「トンネル効果」が論じられています。トンネル効果を説明するためにはどうしても「障壁ポテンシャル」を持ち出さなければなりません。この意味をよく理解しない限りトンネル効果をスッキリ理解することは無理なようです。さらにトンネル効果を理解しても「だから何だっていうんだ？」ということにもなります。トンネル効果はよく「物体がトンネルのない山を無傷で通り抜ける」とか「物体が壁を壊さずに通り抜ける」とかいうように比喩されることもありますが筆者はこれは決して妥当な比喩であるとは思っていません。

　今、図7-1のように1個の粒子が一直線上を左から右へ走っている状態を想定してみます。ところがA点にさしかかった辺りから粒子はその運動に逆らうような力を受けるとします。図7-1（イ）で、A点を過ぎると粒子に左向きの力が加わり粒子の速度がだんだん小さくなって（減速されて）いき運動が遅くなっていきます。ところがB点にさしかかるとその力はゼロとなってしまい、B点を通過すると今度は逆向きに右の方向に力が加わるようになります。したがって粒子はB点を過ぎると右の方向に押されていくため加速されて、速度がどんどん増えていきます。さらに粒子がC点にさしかかったころには力が消えてしまい、その後は粒子は一定の速度で運動を続けます。いいですか、今考えているのは粒子があくまでも一直線上を走っている状態ですよ。粒子がA点を過ぎると減速され、B点を過ぎると加速されるのです。これはちょうど粒子が1つ

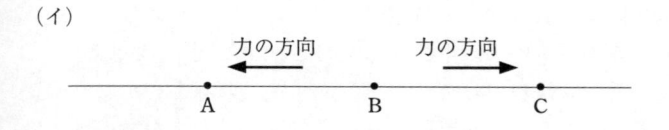

第7章 トンネル効果？ それがどうした!

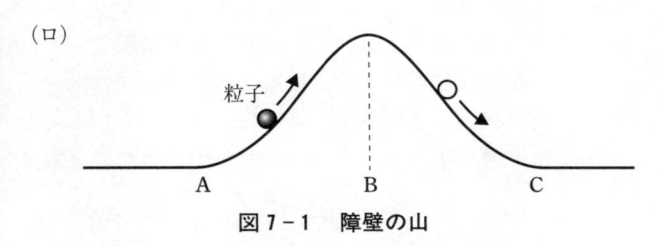

(イ)

```
       ←力の方向        力の方向→
    •              •              •
    A              B              C
```

(ロ)

粒子

```
            /\
           /  \
          /    \
   粒子●_/      \_●
  ___/            \___
    A       B       C
```

図7-1 障壁の山

の山を登るのと全く同じ状態〔図7-1 (ロ)〕であるとは思いませんか？ 粒子がA点を通過した辺りから山の傾斜が始まり登るにつれて減速され、B点を通過すると粒子は坂を加速されながら転げ落ちるということです。

つまり一直線上を走っている粒子に対し、最初その運動方向と逆方向に力が加わりその後順方向に力が加わった場合、これは粒子が山を越える状態に置き換えることができるのです。坂の上で物体に作用する重力は、山のどちら側にあっても必ず山の麓に向かう方向となります。つまり力の方向はB点からA点に向かうか、あるいはC点に向かうかのどちらかです。このような山は障壁の山と呼ばれています。

次に、電線でできている適当な大きさの輪を考えます。この輪に外部から余分のマイナスの電荷を与えます。つま

り輪は一様にマイナスに帯電しています。この輪に向かって電子（マイナス電荷）を走らせます（図7-2参照）。

電子は輪の中心を通過するように一直線上を走ります。電子はマイナスの電荷を有しており、輪もまたマイナスに帯電していますから電子が輪の中心に向かってまっしぐらに走ると、電子は輪から電気反発力を受けながら走ることになるため減速され、だんだん遅く走るようになります。

もし電子の初速度が十分に大きければ電子は輪をくぐりぬけることができるでしょう（輪の大きさは電子が楽々潜り抜けられるほど大きいとしてあります）。しかしいったん電子が輪を潜り抜けると、マイナスとマイナスによる電

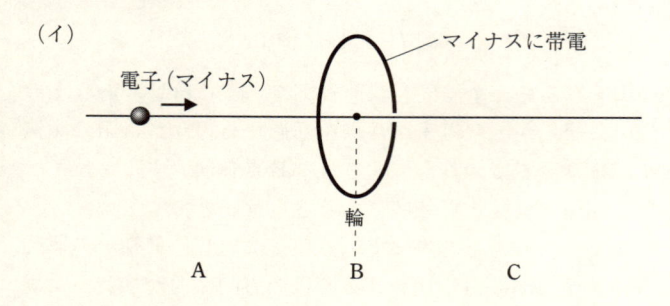

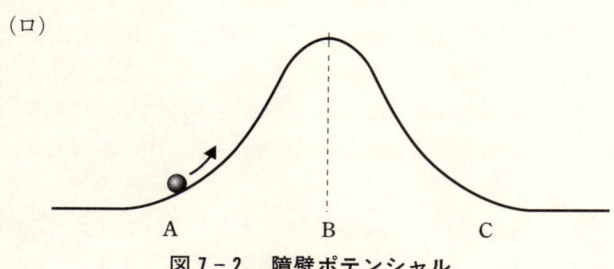

(イ)
電子（マイナス）　　　　　マイナスに帯電

　　A　　　　　B　　　　　C
　　　　　　　　輪

(ロ)

　　A　　　　　B　　　　　C

図7-2　障壁ポテンシャル

第7章 トンネル効果? それがどうした!

気反発力によって、今度は電子は輪から後押しされる方向（右方向）に力を受けます。したがって電子はいったん輪を潜り抜けると加速され、どんどん速く走るようになります。電子は輪を潜り抜けるとはいうものの徹頭徹尾一直線上を走っていることを忘れないでください。

　電子が輪の中心に達するまでは減速され、輪の中心を通過すると加速されるようすは図7-1（イ）と全く同じです。電子がその運動方向と逆向きに電気反発力を受けつつ動くと電気ポテンシャル（電位）がどんどん高くなっていくのです。逆に電子が運動方向と同じ方向に電気反発力（そうです、反発力!）を受けつつ動くと電気ポテンシャルは低くなっていくのです。これから図7-2（ロ）の図に示されているように、「ポテンシャルの坂道」あるいは「ポテンシャルの山」を描くことができます。

　このポテンシャルの坂の高さは電気ポテンシャルの値（大きさ）を表すものであって、図7-1（ロ）にあるような実際の物理的な山を表すものではありません。電子が徹頭徹尾一直線上を走っていても輪の存在によってポテンシャルの山が現れることになります。つまり電子はポテンシャルの山を上りそして下ってくるのです。この山のことを「障壁ポテンシャル」(barrier potential) といいます。障壁ポテンシャルの山が存在していても電子は一直線上を動きます!　電子の電荷にこのポテンシャルの高さを掛けたものが、その高さにおけるポテンシャル・エネルギーとなります。したがって電子がポテンシャルの頂上に達した瞬間にポテンシャル・エネルギーは最大となります。

　これで、「トンネル効果」を説明するお膳立てができま

した。

トンネル効果

図7-2（ロ）の「障壁ポテンシャル」を見てください。電子がこのポテンシャルの山を完全に越えるためには、最初に電子に与えられた運動エネルギーがポテンシャルの山の高さに匹敵するポテンシャル・エネルギー以上の大きさでなければなりません。もし電子の初速度に対応する運動エネルギーが山の頂上の最大のポテンシャル・エネルギーよりも小さいと、電子はポテンシャルの山を登りきれず途中で戻されてしまいます。これは電子が輪に近づこうとする時、輪から受ける電気反発力が強すぎて元来た道に押し返されてしまうためです。障壁ポテンシャルの山頂が高いほど、傾斜が急であるほど電気反発力は強くなります。

ところが、この電子に量子力学を適用すると話は全く違ってくるのです。量子力学が適用されると電子は波になってしまいます。例によって誰も見ていない時はです。電子波を引き出すには図7-2（ロ）にある障壁ポテンシャル・エネルギーと最初に電子に与えられた運動エネルギーをシュレーディンガーの波動方程式に入れてやり、それを解くのです。すると大変おもしろい結果が出てきます。最初に電子に与えられた運動エネルギーがポテンシャルの山の頂上に匹敵する最大のポテンシャル・エネルギーよりも小さくても、A点よりも左側、A点とC点の間、そしてC点より右側と全域にわたって電子波が現れるのです。

図7-3に再び障壁ポテンシャル・エネルギーが示されています。縦軸はエネルギーを、横軸は位置を表していま

第7章 トンネル効果? それがどうした!

す。この図では電子に最初に与えられた運動エネルギーが山頂に匹敵する最大のポテンシャル・エネルギーよりも小さい場合が示されています。横軸に平行な線が描かれていますが、この線の高さは電子のエネルギーを表しています。この線が山頂より低い位置にあるということは電子は山頂を上り切れるほどのエネルギーを有していないことを示しています。ですから常識的には電子は山の反対側（C点より右側）に現れることはなく、山登りの途中（A点とB点との間）で左側に引き戻されてしまいます。ところが電子が波として振る舞うと話が変わります。この与えられたポテンシャルの山をシュレーディンガーの波動方程式に代入してやると、つまり

$$-\frac{\hbar^2}{2m}\nabla^2\Psi + U\Psi = i\hbar\frac{\partial\Psi}{\partial t}$$

においてUがこのポテンシャルの山となりますが、これを解くと、下の図7-3の全域にわたって波が現れるのです。

電子波は障壁ポテンシャルの山にぶつかると（電子は一直線上を走っていることをお忘れなく）一部は山に反射さ

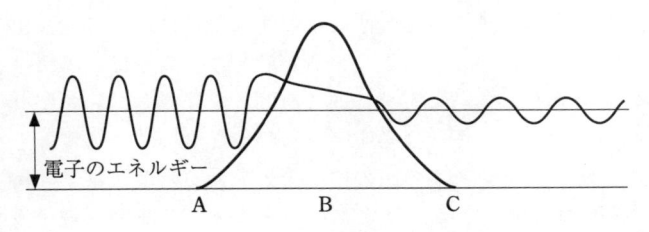

反射波は描かれていない

図7-3　トンネル効果

れ、反射された波は左側に引き返します。残った波は障壁ポテンシャルの山の"中"に入ります。ポテンシャルの山の中に入っていくにしたがい、電子波は衰え波の高さが下がっていきます。電子波が完全に衰えてゼロにならないうちに電子波は山の外に出てしまいます（山の外側にはすでに波が現れている）。

電子波をΨで表すと、$|Ψ|^2$ は電子の存在確率を表します。図7-3のC点よりも右側に波Ψが存在するということは、電子が山の反対側に（C点よりも右側に）現れる確率がゼロではないということになり、結局、電子は山越えするだけのエネルギーを持っていなくても山の反対側に出てくる可能性があるということになります。これが量子力学におけるトンネル効果というものです。

トンネルするのは幽霊波であっても電子が山の反対側に発見される（観測される）確率はゼロではなく、可能性があるわけです。

再び図7-2（イ）に戻ってください。これが実際の図です。電子は輪の左側からやって来ると輪によって電気反発力を受けて減速されますが、電気反発力が十分に強くても輪によって押し返されずにトンネル効果によって輪を潜り抜けてしまうことがあり得るわけです。電子はマイナスの電荷を有していても"普通の空間"を運動している限りその運動エネルギーは必ずプラスの値となっています。ところがポテンシャルの山の中を走っている時は、電子の持つ運動エネルギーがマイナスの値となってしまい、電子波はもはや波のような形にはならず振幅が減衰していくような形になります（図7-3参照）。

第7章 トンネル効果？ それがどうした！

だからどうした？

　障壁ポテンシャル・エネルギーというのは、図7-2（イ）に示されているように、帯電している電線の輪によって生じるような電気障壁ポテンシャルだけではありません。引力によるポテンシャルと斥力によるポテンシャルがうまいぐあいに重なると障壁ポテンシャルが生じます。

　重い原子の原子核は、多くの陽子と多くの中性子が直径数兆分の1センチメートルほどの空間の中に所狭しと押し込められています。例えばウラン原子核などは92個の陽子と146個の中性子とから成っています。陽子はプラスに帯電していますが中性子は読んで字のごとく電荷を持たず電気的に中性です。ですから中性子は電気力を全く感じることはできません。原子核内にある全ての陽子の間には電気反発力が働いており、陽子同士はお互いに退け合っています。にもかかわらず原子核は壊れることはなく、核内のすべての陽子はがっちりと結び付けられています。これは陽子同士の間には電気反発力を遥かに上回る強さの核力という力が作用しているためです。核力は当然引力です。この核力は陽子同士の間に作用するばかりでなく、陽子と中性子の間、そして中性子同士の間にも作用するのです。核力のおかげで原子核は壊れずに安定を保つことができるというわけです。

　ところでヘリウム原子核は陽子2つと中性子2つとから出来ている軽い原子核ですが、2つの陽子と2つの中性子が核力によって特にがっちりと強固に結び付けられているため、特別に安定な原子核となっています。つまりヘリウム原子核を壊すのは容易ではないということです。

ヘリウムよりも陽子と中性子がもっと多く存在する重い原子核の内部においても、陽子2つと中性子2つが特に強く結び付けられていて、あたかも原子核の内部にヘリウム原子核が存在しているようになっています。ヘリウム原子核はもちろんプラスに帯電しています。

　重い原子核では陽子の数が多いため、核力より小さいとはいえ陽子間の電気反発力は無視できない大きさであり、不安定になっています。そのような原子核は陽子を外に弾き出して陽子の数を減らし、電気反発力を減少させてより安定になろうとする傾向があるのですが、陽子2つと中性子2つが強く結びついているために、この4つの粒子をいっしょに弾き出してしまおうとするのです。重い原子核から飛び出てきた、陽子2つと中性子2つがいっしょになった粒子は歴史的にアルファ粒子（α粒子）と呼ばれてきました。後にアルファ粒子はヘリウム原子核そのものであることが分かったのです。本書でもこれ以後、重い原子核から飛び出てきたこの粒子をヘリウム原子核とは言わずにアルファ粒子と呼ぶことにします。

　さて電気反発力（または電気引力）が及ぶ範囲は無限大で、2つの陽子が地球と月ぐらいの距離に離れていても、陽子間の電気反発力はかなり弱くはあっても、決してゼロではないのです。一方、陽子や中性子をがっちりと強固に結び付けている核力は、電気反発力より遥かに強いのですが、その到達距離（力の及ぶ範囲）が10兆分の1センチメートルほどで、それ以上離れると核力は急速にゼロになってしまうのです。ですから原子核内では、陽子や中性子に作用する核力は、くっつかんばかりの距離にあるすぐ隣同

士の中性子や陽子にしか作用しません。1つの中性子は1つおいた隣の中性子や陽子との間には核力がほとんど作用しないことになります。つまり核力は糊みたいなものです。糊の力はくっついている同士の物体にしか作用しません。

一方、長距離範囲に及ぶ電気反発力は、隣同士の陽子だけでなく、幾つも間をおいた全然接触していない陽子の間にも作用し、結局、全部の陽子にお互いに作用することになります。

さてアルファ粒子が重い原子核から飛び出して来る現象を説明してみましょう。アルファ粒子が少しでも原子核の表面に近づこうとすると、核力によってすぐまた元の位置に引き戻されてしまいます。しかし、アルファ粒子が原子核の表面（といっても明確な境界はないのですが）よりわずかに外側に出たとすると、今度はアルファ粒子（プラス電荷）と残りの原子核との間に作用する（長距離作用する）電気反発力が、短距離作用しかしない核力を上回り、その結果アルファ粒子は原子核の外に押し出されてしまいます。このようすは図7-4に描かれています。

図7-4でA点は原子核の中心部を表し、B点は原子核の表面、そしてC点は原子核の外側を表しています。アル

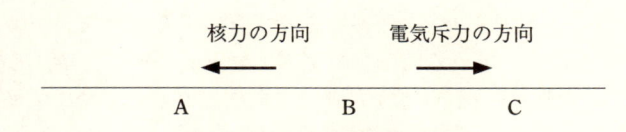

図7-4 核力と電気斥力
AとBの間では核力が上回り、BとCの間では斥力が上回る

ファ粒子がA点からB点に向かうとその運動方向とは逆向きに核力が作用し、核力はアルファ粒子を引き止めるように作用するのでアルファ粒子の運動はだんだん鈍くなっていきます。つまり減速されます。原子核内にはマイナスの電荷がなくプラスの電荷しかありませんから、電気力に関する限り電気斥力だけです。

　もしアルファ粒子がB点を越すと、今度は電気斥力が幅を利かせてくるので、アルファ粒子はB点からC点に向かう電気斥力を受けます。つまりアルファ粒子は電気斥力によって後押しされる形となり、B点からC点に向かって加速され、だんだん速く走るようになります。これのようすはちょうど、アルファ粒子がA点からB点に向かう時は坂道を登り、B点を過ぎると坂道を転げ落ちるようすと同じです。結局、図7-4に対しても、図7-2に示したような障壁ポテンシャルの山を描くことができます。

　図7-5にはアルファ粒子のエネルギーが障壁ポテンシャルの山頂のポテンシャル・エネルギーよりも小さい場合が描かれています。つまりアルファ粒子は山頂を越えることができるほどのエネルギーを有していないということです。常識的に考えればこの場合、アルファ粒子はB点に達する前にエネルギー不足となり核力によってA点まで引き戻されてしまうはずです。

　ところがエネルギー不足であっても、アルファ粒子が幽霊波Ψになっている時は、障壁ポテンシャルをトンネルして原子核の外（C点より右側）に現れるのです。アルファ粒子に関する幽霊波Ψそのものは観測できませんが、$|\Psi|^2$はアルファ粒子の存在確率を表すので、幽霊波が障

第7章 トンネル効果？ それがどうした!

壁ポテンシャルをトンネルして原子核の外に現れるということは原子核外でのアルファ粒子の存在確率がゼロではないことになり、原子核内でのアルファ粒子が図7-5の障壁の山を越えるだけのエネルギーを持っていなくても原子核から飛び出てくる可能性があるという結論に達します。実際に重たい原子核から外に飛び出してくるアルファ粒子のエネルギーを測定してみると、とても図7-5の山を越えるほどのエネルギーには達していないことが分かったのです。それにもかかわらず、たまにアルファ粒子が原子核から飛び出てくるということはトンネル効果によって説明する以外に手だてが全くありません。

しかし $|\Psi|^2$ はあくまでも存在確率を表し、その確率は100%以下なのでアルファ粒子がいつもいつも原子核から飛び出てくるわけではありません。

水素、ヘリウム、酸素、炭素、鉄、ニッケルなど、原子の名前はその原子核内に収まっている陽子の数（これを原子番号という）によって決められます。原子が異なれば必

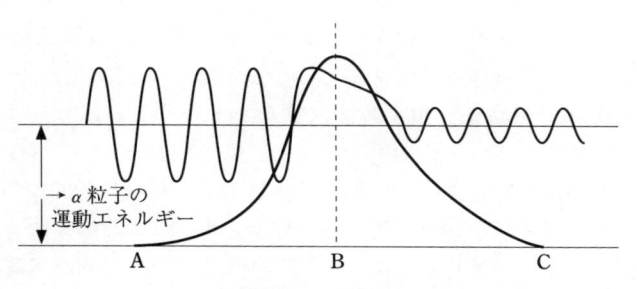

シュレーディンガーの波動方程式を解くと全領域に波が現れます

図7-5 アルファ粒子に対する障壁ポテンシャル

ず陽子の数が違っているのです。

原子核がアルファ粒子を外に出すと陽子と中性子の数が2つずつ一度に減ります。陽子の数が原子の名前を決定するのですから、原子核からアルファ粒子が飛び出すと、陽子の数が2つ減って全く異なる種類の原子（違った名前の原子）となります。このことから、原子核からアルファ粒子が出て来る現象は原子核のアルファ崩壊（Alpha decay）と呼ばれています。

原子核からアルファ粒子（ヘリウム原子核）が飛び出るのはトンネル効果によるものであり、トンネル効果は純粋に確率的な現象であるために、ある1つの原子核に目を付けていったいいつアルファ粒子を放出するのかとじっと観測していても、いつまで待てばいいのか見当がつきません。今放出するかもしれないし、明日午後1時に放出するかもしれないし、10万年後に放出するかもしれません。

ウラン原子核はアルファ粒子を放出します。今100％純粋な1キログラムのウラン元素を用意したとします。1キログラムのウランにはおよそ10^{24}個（1の後にゼロが24個並ぶ）ほどのウラン原子核があります。アルファ粒子が放出されるのは確率的であるということは1つ1つの原子核がアルファ粒子を出す時間は異なるということになります。さらに1つ1つのアルファ崩壊は他の原子核のアルファ崩壊に影響を受けない独立の現象です。しかし1000個のウラン原子核が同時にアルファ粒子を出すこともあり得るでしょう。いずれにしても10^{24}個の原子核が全部同時にアルファ粒子を放出することはあり得ません。したがって10^{24}個全部の原子核がアルファ粒子を放出するにはかなり

第7章 トンネル効果？ それがどうした!

時間がかかることになります。1つの原子核がアルファ粒子を出すと、原子番号（陽子の数）が2つ減った全く別種の原子核（したがって原子）に変容します。1キログラムの純粋のウラン元素でアルファ崩壊が起こると、時間と共にウラン原子核の数が減っていきます。最初にあったウラン原子核の数がアルファ崩壊のために半分に減るまでの時間を、ウラン元素の半減期といいます。

トンネル効果を使って原子核から出て来るアルファ粒子の運動エネルギーと半減期との関係を調べてみると、実験結果と一致し、アルファ粒子は間違いなくトンネル効果によって原子核から飛び出て来ることが確認されたのです。

ところでこのアルファ粒子がトンネル効果によって原子核から飛び出るという考えは、ロシア生まれのアメリカ人物理学者ジョージ・ガモフ（George Gamow 1904—1968)、またガモフとは独立にアメリカ人エドワード・コンドン（Edward Condon 1902—1974)、そして同じくアメリカ人のロナルド・ガーニイ（Ronald Gurney 1898—1953）から出てきたものです。このトンネル効果を使ったアルファ崩壊の理論は1928年頃出てきたのですが、1928年といえばシュレーディンガーの波動方程式やディラックの相対論的波動方程式が出てきた直後でもあったので、アルファ崩壊理論は量子力学の初期の応用となり、同時に量子力学の正しさを証明することにもなりました。

この章では、粒子が直線上を動き、その運動方向と逆の方向に力が加わって減速され、ある点に達すると力は消滅しその点から先へ行くと、今度は運動方向と同じ方向に力が加わって加速されるというような物理現象を考えまし

た。またこの現象は障壁ポテンシャルを使うとより分かりやすく説明でき、さらにトンネル効果も説明できることを示しました。

しかしこの粒子を誰も見ていない時は、1つの限られた直線上を動いているのではありません。粒子の道筋は幾つもあり、それぞれの道筋は波動関数によって表され、多くの波動関数が同時に重なり合って存在します。したがって例えば図7-3において電子の波動関数は、A点より左側、A点とB点の間、そしてC点より右側、と3つの領域に同時に存在します。波動関数は普通の波と同じく場所（位置）と時間の関数で、連続的に伝播します。

大きなスイミングプールのど真ん中に棒を入れて上下に連続的に動かしていると、棒の位置を中心にして同心円状の波が周りに広がっていきます。棒を休ませることなく絶えず上下に振動させていると、水面には絶えず波が存在し、水面から波が消えることはありません。

これと同じように、図7-3において波動関数は絶えず左から右へと移動（伝播）していますが、A点から右側、B点とC点との間、C点より右側の3つの領域に常に同時に存在してもいます。ですから誰も見ていない時は、1個の粒子（電子あるいはアルファ粒子）はこの3つの領域に同時に存在しているといえます。粒子が障壁ポテンシャルの山頂を越えるだけのエネルギーを持ち合わせていなくてもC点より右側に波動関数が現れるので、山の右側に測定器を置いてみるとそこに粒子が検出される可能性が出てきます。

波動関数がそこに存在しているとはいっても、波動関数

第7章 トンネル効果? それがどうした!

は粒子をそこに見出す確率を与える役目をするだけですから、確実にそこに粒子が検出されるわけではありません。しかしこの領域で波動関数が存在する以上「検出される確率」はゼロではないということです。幽霊波である波動関数が「存在する」というのもおかしな言い方ですが、幽霊ですから「見えない状態で存在する」と言えば、より的確かも知れません。

今は1個の粒子だけを考えているのですから、1ヵ所に粒子が検出されたらもう他のいかなる位置にもその粒子は存在しないということになります(これを波動関数の収縮といいます)。結局トンネル効果も完全に確率的な現象であるということで、いつトンネルするのか待っていてもしょうがないということです。

この確率は1個の粒子に対する確率ですが、例えばこの確率が20%であるとすると、1000個の粒子が図7-3の左側から右側に向かって入ってきたとして、その中の約200個の粒子が障壁の山をトンネルするということになります。このように膨大な数の粒子を考えれば確率は低くてもかなりの数の粒子が障壁の山をトンネルすることができます。

最近、人間の脳の働きを量子力学を使って解き明かそうという試みがありますが、脳内では電子のトンネルが起こっているのでしょうか? もしそうならトンネル効果は確率現象なので、明日自分の考えがどう変わるのか分からないということになりますか。

1958年、当時ソニーの研究所にいた江崎玲於奈博士(1925—)は「半導体におけるトンネル効果」を発見し、

それが発展していわゆる「トンネルダイオード」の発明となりました。このトンネルダイオードの出現以来「トンネル効果」はいっそう深く物理学の分野に染み渡るようになったようです。この発見・発明により江崎博士は1973年ノーベル物理学賞を受賞しました。江崎博士の半導体のトンネル効果は「マイナスの電気抵抗」(negative resistance) がその特徴となっています。

第8章
結局、誰も量子力学を理解できないのか？

波動関数の収縮

ここで再び二重スリット実験の話に戻りましょう。電子が二重スリットを通過する時の状態は波（波動関数、幽霊波）として表されなければなりません。しかし、そのような波がスクリーンに当たると、局所的に小さなスポットとして現れます。この時点で幽霊波は1点に収縮してしまいます。すなわち消えてしまうのです。

また、粒子の場所ではなく、その物理状態（例えば粒子のエネルギー、角運動量など）を測定した場合は、測定したとたんに波動関数は異なった波動関数に変化してしまいます。これらは「波動関数の収縮（wave function collapse)」として知られています。

一般には、見ていない時の粒子の状態は幽霊波になっていて、測定によって現れるであろう粒子の色々な物理状態（色々な位置、色々な運動量、色々なエネルギーなど）が同時に重なり合っています。しかし測定器を使って粒子を測定すると特定の物理状態が現れ、それまでの幽霊波は消えてしまいます。波動関数が1点に収縮する瞬間に何がどう起きているのか知る術はありません。この「波動関数の収縮」はシュレーディンガーの波動方程式やディラックの波動方程式をいくら綿密に吟味してみても出てこないのですが、実際には波動関数が収縮するからこそ測定結果が出て来るということになります。あるいは逆に、観測そのものが波動関数を収縮させてしまうということです。

しかし電子などのような極微（ミクロ）の粒子を測定するとなると、どうしても何らかの測定装置（観測装置）が

第8章 結局、誰も量子力学を理解できないのか？

必要となります。当然ながら観測装置は肉眼でハッキリと見えるほど大きなもので、膨大な数の原子から出来上がっています。そこで問題になるのが、電子波が観測装置に入り込むと波動関数は収縮してしまうのかということです。

電子波は虚数の入っている複素関数で表される幽霊波です。そのような幽霊波がいったいどのように観測装置の多数の原子と反応するのでしょうか？ いや、電子と直接反応が起こるのは観測装置の中のある微小部分であるので、その部分の原子も波動関数で表されるべきでしょう。そうすると観測装置の中で幽霊波同士の反応が起こり、その結果、波動関数が収縮するのでしょうか？

それとも、電子が観測装置内の原子と反応を起こす時は光電効果のようにそれぞれが粒子として振る舞うのですから、反応後に出来る波動関数を考えねばならないのでしょうか？

もし観測装置の中で波動関数が収縮しないものとすると、波動関数の収縮は観測装置を覗き込む観測者（人間）の脳の中で起こるのでしょうか？ この場合の観測者は寝ぼけていたのでは駄目で、ハッキリとした意識を持っていなければなりません。ということは、波動関数の収縮は人間の意識が作り出すものなのでしょうか？ もし、観測結果がどうなっているのかは正に人間の意識が決定するということなら、人間の意識が「現実」を作り出すといった大袈裟なことになってしまいます。なぜなら人間なくして現実あらずということになってしまうからです。この問題つまり「波動関数の収縮」（Wave function collapse）が「量子力学の解釈問題」の焦点になっているのです。

現在量子力学の解釈の仕方は一通りではありません。最も標準的なものが「コペンハーゲン解釈」というもので、この本の第7章までの内容はコペンハーゲン解釈に基づいています。

　全く同じ状態にある被観測物に対して観測のたびに違った結果が出るために、どの結果が出るのかは確率的になり、この確率は波動関数から求められるということです。このため波動関数は「確率波」と呼ばれることもあります。1つの被観測物を観測するたびにその被観測物の物理状態を元の状態に戻す代わりに、全く同じ物理状態にある多数の同じ被観測物を用意して、それらを全部同時に観測しても同じ結果が得られます。この典型的な例が二重スリット実験、すなわち電子ビームを二重スリットを通過させる実験です。

　電子ビームは無数の全く同じ物理状態（同じ運動量、同じエネルギー）の電子から構成されています。それにもかかわらず個々の電子はスクリーン上で同じ点にぶつかっておらず、規則正しい明暗で出来ている縞模様を作り出します。個々の電子がスクリーン上のある点にぶつかる確率は電子の波動関数から計算されるのです。その位置にぶつかる確率が波動関数から計算されても、その位置に関する波動関数はスクリーンにぶつかった時点で「点」に収縮してしまいます。これが「波動関数の収縮」です。以上がスタンダードな量子力学の解釈であって「コペンハーゲン解釈」と呼ばれるものです。

　再び、密閉された箱の中に電子1個が入っている場合を考えます。常識的には電子は箱の中のどこか1点を占めて

第8章　結局、誰も量子力学を理解できないのか？

いると考えられます。しかしコペンハーゲン解釈では箱を開ける前は電子は箱の中の全ての点を同時に占めている、ということになるのです。これは電子が箱の中で幽霊波になっているためです。箱を開けて電子がある点に存在するのを確認した場合、その時点で幽霊波はその点に収縮したことになります。

さて箱を閉じたままにしておいて、箱の真ん中に仕切りを作って箱を2つの部屋に分けたとします。仕切りを作る際には箱の中が見えないように、また電子が箱の外に逃げないように工夫を凝らします。箱が2つに分けられているのですから電子は右側の部屋か左側の部屋かどちらかにいることになるのですが、誰も箱の中を覗き込まない限り、電子は両方の部屋に同時に存在することになります。それは電子がまだ幽霊波になっているからです。

そこで2つに分けられた箱を中が見えないようにして別別に引き離します。別々に引き離されても、誰も中を覗き込まない限り2つの箱の中は幽霊波によって満たされています。1つの箱を地球に置き、もう1つの箱を月に持っていきます。それでも誰も箱の中を覗き込まない限り地球上の箱の中も月に持っていかれた箱の中も幽霊波で満たされています。そこで地球に置かれた箱を誰かが開けてみたとしましょう。もしそこに電子を見たら、月に持っていかれた箱の中には電子がないことになります。この瞬間、月の箱の中の幽霊波も地球の箱の中の幽霊波もいっぺんに地球の箱の中の空間の1点に収縮してしまい、月の上に置かれた箱の中の幽霊波はいっきょに消滅してしまいます。これもコペンハーゲン解釈の1例です。

最近支持者が増えてきている解釈の仕方に「多世界解釈」（Many worlds interpretation）というものがありますがこれについては他書を参照してください。

観測結果は因果律に左右されない

今まで繰り返し説明してきたように、観測前の粒子の状態は波動関数として表され、色々な物理状態が混じり合っています。1つ1つの状態が1つの波動関数を表します。ですから観測前はこれらの波動関数が「重ね合わせの原理」にしたがって足し合わされており、お互いに干渉します。観測によってどの状態が選び出されるのかは確率的で、その確率は波動関数を使って求められます。観測結果が確率的であるというのは「どのような原因でそのような結果が出たのか？」を説明できないということで、観測結果が因果律に従わないということです。波動関数の式をいくら見つめていても、観測がどの状態を選択するのか明示してくれはしません。

粒子の運動にしても、不確定性原理によってその位置も運動量も同時に確定できないのですから、人間に見られていない時は粒子の動く道筋がハッキリしなくなり、無数の道筋が存在し、その無数の道筋を粒子が同時に歩むことになります。こんなことでは粒子の未来は分かりっこありません。粒子がいったいどこに到達するのかは観測してみて初めて分かることです。また観測によって粒子の過去を推測することはできません。人と同じように粒子はいろんな過去を背負っていますが、人とは違って、いろいろ違った過去を同時に背負っていたことになります。つまり観測結

果だけを見てもいったいどのような過程を経てその結果にたどり着いたのかは分からず、ここでも観測結果は因果律に従っていない（結果の原因がハッキリしていない）ことが分かります。

アインシュタインに嫌われた量子力学

　量子力学によれば（少なくともコペンハーゲン解釈によれば）観測される前は何ひとつ決定されてなく、観測のみによって被観測物（対象）の実態がきまるというのです。観測行為がどんな状態を引っ張り出すのかは確率的であるというわけです。したがってどんな結果が出るのかは観測者がいつ観測するのかにも依存し、観測者次第となります。こうなるとすべての物理現象は人間の意識に左右され、きわめて主観的になります。この自然が人間の主観に左右されるのでしょうか？　自然科学というものは客観的事実に基づいて発展するものではないのでしょうか？

　量子力学が台頭する前の物理学はニュートン力学に代表される「古典物理学」（Classical Physics）と呼ばれているものでした。古典物理学では観測しようがすまいが、人間がこの世に存在していようがいまいが、被観測物の状態は「決定論」に従って変化し、状態の変化は人間の主観に左右されることはなく、すべての事象は客観的存在であるとされていました。

　アインシュタインは観測が人間の主観に左右されることを極度に嫌い「お月さんは誰も見ていない時は存在しないのか？」と言ったほどでした。また物事が確率的に決まるということに反対して「神はこの宇宙に対してサイコロ遊

びなんかするはずがない (God does not play dice with the Universe)」と言いました。

EPR思考実験

さて筆者は現在ロサンゼルス郊外に住んでいますが、ある日、筆者が今東京にいる友人（日本人）と、パリにいる友人（フランス人）に手紙を送ったとします。東京の友人には日本語で、パリの友人にはフランス語（筆者はフランス語は書けませんが）で手紙を書いたとします。ところがうっかりして東京宛てに出す手紙とパリ宛てに出す手紙を取り違えて出してしまったのです。つまり日本語で書いた手紙はパリに配達されてしまい、フランス語で書いた手紙は東京に配達されてしまったのです。手紙を出した本人（筆者）はそれに気がつかなかったのです。ある日東京の友人から「おーい、僕が受け取った手紙変だぞ、フランス語で書いてあるじゃないか。君は僕がフランス語を読めないことを知っているくせに」という電話が入りました。この瞬間、筆者はパリの友人にどんなことが起こったのか瞬間的に分かってしまいます。東京と全く同じことが起きたのです。何が起こったのか電話で問いただす必要はないし、またパリからの電話を待つ必要もありません。もしパリの友人が仮に（仮にですよ）パリではなく月に行っていたとし、月にも郵便サービスが行き届いているものとします。何が言いたいのかといえば、東京からの電話によって、地球から38万キロメートル離れている月にいる友人に何が起きたのか瞬時に分かってしまうということです。どんなに距離が離れていても相手に問いたださなくても相手

第8章 結局、誰も量子力学を理解できないのか？

の状態が自動的に分かってしまうということです。しかしです。それぞれの手紙を間違って封筒に入れて投函した瞬間に、すべては決定されてしまうのです。東京の友人から電話を受ける前にパリの友人にどの手紙が届くのかすでに決定されてしまっています。私が東京の友人から電話を受けるということを「観測」とみなすと、観測前に結果はすでに決まってしまっていることになります。

この話と量子力学とどんな関係があるかって？ まあ次を読んでください。

1935年、アインシュタインは研究仲間のポドルスキー（Boris Podolsky 1896—1966）とローゼン（Nathan Rosen 1909—1995）と共に、量子力学は不完全な理論であることを証明するための論文を発表しました。この論文では、量子力学が重大なパラドックスを生み出すことを訴えていたため、アインシュタイン、ポドルスキー、ローゼンの3人の名の頭文字を取って「EPRパラドックス」として知られるようになりました。このパラドックスは現在なお完全な解決に至っていません。EPRパラドックスの詳しい説明は大学で一応量子力学のコースを少なくとも1学期間みっちり学んだことのある人でなければ理解できないかもしれませんが、筆者はものすごく簡素化してEPRパラドックスを説明してみます。あまり簡素化するとアインシュタイン博士に叱られそうですが、博士どうかお許しのほどを。しかし簡素化したとはいえEPRパラドックスの本質から逸脱することは断じてありませんので、安心してお読みください。

次のような現実離れした実験（思考実験という）を行い

ます。今1個の原子核を実験室に固定しておきます。この原子核から2個の素粒子が飛び出します。2個の素粒子が飛び出す前は原子核は静止していたのですから原子核の運動量はゼロです。運動量は方向を持つベクトル量です。運動量は保存されますから、2個の素粒子が原子核から飛び出した後の全運動量(原子核の運動量と2個の飛び出た素粒子の運動量の和)もゼロになっていなければなりません。原子核は静止しっぱなし(運動量は常にゼロのまま)とすると、2つの素粒子はお互いに真反対方向に飛び出なくてはならなくなります。なぜなら1つの素粒子の運動量がプラスとなりもう1つの素粒子の運動量がマイナスとなればプラスとマイナスが相殺して全運動量はゼロとなるからです。問題をハッキリさせるために原子核から飛び出た1つの素粒子を素粒子Aと呼び、もう1つを素粒子Bと呼ぶことにしましょう。さらに、素粒子Aは北に飛び出て、素粒子Bは南に向かって飛び出たとします(図8-1参照)。

しかしです。この2つの粒子を誰も見ていなかったら、どちらの素粒子にせよ1個の素粒子は「重ね合わせの原理」にしたがい、無数の方向に向かって同時に飛び出します。つまり2つの素粒子は共に「幽霊波」になっているわ

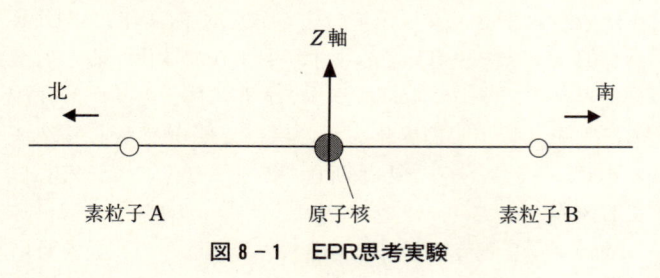

図8-1　EPR思考実験

第8章 結局、誰も量子力学を理解できないのか？

けです。実際どちらの方向に飛び出すのかは観測しない限り分かりません。

重ね合わせの原理にしたがって、幽霊波は無数の異なった運動方向が同時に重なっている状態を表します。したがって誰も見ていない時は2つの粒子は南北方向に飛び出ているとは言えなくなります。観測されていない時は素粒子Aも素粒子Bも幽霊波になっているためハッキリした方向は決まっていません（すべての可能な方向が同時に重なっています）。そこで今、素粒子Aに測定器を当てて素粒子Aの方向が分かったとします。量子力学においても測定前と測定後は運動量は絶対に保存されなければならないので、素粒子Aの運動方向が測定された後は素粒子Bの運動方向は素粒子Aの方向と真反対になっていなければならず、素粒子Bを測定しなくてもその方向は自動的に決まってしまいます（ここで郵送を取り違えた東京宛ての手紙とパリ宛ての手紙を思い出してください）。それがどうしたと言いたいところでしょうがこの話はおかしいのです。

いいですか、素粒子Aの運動方向を観測によって定めるまでは幽霊波になっているため素粒子Aの運動方向のみならず素粒子Bの運動方向も定まっていません（すべての可能な方向はミックスされている）。それなのに素粒子Aの運動方向が測定によって例えば真東と確定した瞬間、運動量保存則に従って、まだ測定されていない素粒子Bの運動方向が真西と一瞬に決まってしまうのですよ。まだおかしいと感じませんか？

じゃあもし素粒子Aと素粒子Bの間の距離が地球からアンドロメダ星雲までの200万光年ぐらいであったとしたら

275

どうです？　こんな距離に離れていても測定器によって素粒子Aの運動方向が確定された瞬間、同時に（そうです、同時にです）200万光年離れている素粒子Bの運動方向が確定してしまうのです！　つまり観測してもいない、何の操作も施されていない素粒子Bの幽霊波が消えてしまうのです。運動量保存の法則は2つの粒子の間隔に関係なく成り立つからです。ほんとに？　じゃあ間隔がどのくらいの距離以内だったら成り立つというのですか？　素粒子AとBの間の距離が200万光年であったら素粒子Bは素粒子Aの運動方向が確定したということをどうやって一瞬のうちに「知る」のでしょうか？　第一そんなに距離が離れていたら素粒子Aは素粒子Bと何の関係もないのではないでしょうか？

　関係がないのにAの状態をBが「知る」ということはAとBとの間に何らかの信号伝達があるはずです。しかもアインシュタインの相対性理論によれば信号伝達の最高速度は光の速度です（光は1秒間に地球の赤道の周りを7回り半する）。もし光（電磁波）によって信号伝達がなされるのなら、Aから出た信号がBに達するまで200万年かかってしまうことになります！　ですから一瞬の内にBがAの状態を知ってしまうということはAからBまでの信号伝達速度が光の速度を遥かに超える速度、いや、無限大の速度ということになります。明らかにこれは「相対性理論」と完全に矛盾しています。

　ところがこの話、「運動量保存の法則」だけに限定された問題ではないのです。2つの素粒子を放出する前の静止している原子核のスピン角運動量がゼロであるとします

第8章 結局、誰も量子力学を理解できないのか？

(つまり原子核はスピンしていないということ)。角運動量も保存されますから、原子核が2つの素粒子をお互いに反対方向に放出（運動量の保存）した後の全スピン角運動量（原子核のスピンと2つの素粒子のスピンとのベクトル和）もゼロとならなければなりません。2つの素粒子を放出した後でも原子核のスピンは依然としてゼロであるとします。2つの素粒子を電子に選びます。1個の原子核から一度に2つの電子が飛び出すことはありませんが、ここでは相変わらず「仮の思考実験」を考えています。個々の電子のスピン角運動量のZ成分はただ2つしかなく、任意のZ軸に対して平行（上向き）か反平行（下向き）のどちらかです（第6章参照）。

再び図8-1に戻ります。これまたきわめて簡素化した説明になるのですがZ軸を図8-1にあるように定めます。このZ軸に対して原子核から飛び出た個々の電子のスピンの状態は「上向き」か「下向き」かのどちらかになっています。運動量保存の法則により、原子核から飛び出た2つの電子は真反対方向に進みます。しかし誰もこのようすを見ていない時は電子は幽霊波になっています。幽霊になっている個々の電子のスピンの状態は、これまた重ね合わせの原理にしたがって図8-1のZ軸に対して「上向き」と「下向き」が同時に重なっているのです。つまり誰も見ていない時は1個の（そうです、1個の）電子のスピンは同時に上と下を向いているのです！　これが量子力学というものです。ここで原子核から飛び出た2つの電子を電子Aと電子Bと呼ぶことにしましょう。

原子核のスピンは電子を出す前も出した後もゼロと仮定

しているので、角運動量保存の法則にしたがって、2つの電子の総合スピンはゼロとならねばなりません。もし電子Aのスピンが上向きの場合は電子Bのスピンは下向きとなります（またはその逆）。つまり2つの電子の総合スピンをゼロにするため、2つの電子のスピンの方向は必ず反対向きになっていなければならないということです。誰も見ていない時は電子Aも電子Bもそのスピンの状態は「上向き」と「下向き」が同時に重なっていて、個々の電子のスピンの向きは上向きか下向きか確定されていません。

　もう一度注意します。本当はスピンの向きは確定されているのだけれど見ていないから分からないというのでは、断じてありません。繰り返しますが、見られていない時は1個の電子スピンは上も下も両方同時に向いているのです！　測定前は何も確定していません。

　さてここで電子Aに測定器を当ててスピンの向きを確定し、上向きと確定されたとします。この瞬間、電子Bのスピンの向きは下向きになります。これは2つの電子の間隔に関係なく起こります。間隔が200万光年でも起こるのです！　電子Aのスピンが上向きと確定された瞬間、遥かかなたにすっ飛んでいってしまっている電子Bは電子Aの状態を瞬間に「察知」し、それまで「上向き」と「下向き」の状態が重なっていたのに一瞬に「下向き」が選ばれてしまうのです。測定器が電子Aから「スピン上向き」か「スピン下向き」のどちらかを選び出すのは全く確率的で気まぐれです。その気まぐれ行為を電子Bが事前に知らされない限り電子Bはそのスピンをどっちに向けていいのか分かるはずがないじゃないですか？　それとも何らかの信号が

第8章 結局、誰も量子力学を理解できないのか？

AからBへと無限大のスピードで伝達されるというのでしょうか？ それに電子Bに対して何の観測操作もなされていないのにAを観測しただけでBの幽霊波は収縮してしまうことになります。

以上が「EPRの思考実験」というものです。

この「無限大の速さで信号が伝わる」というアイデアは、元はといえばニュートンに始まっています。ニュートンは万有引力（重力）を発見しましたが、これは2つの物体（どんな物体でも）の間には引力が作用し、2つの物体はお互いに同じ力で引き合い、この力の大きさは2つの質量の積に比例し2物体間の距離の2乗に反比例する、というものです。距離の2乗に反比例するということは2物体間の距離が無限大になった時のみ重力引力はゼロになる（なくなる）ということを意味します。つまり重力の及ぶ範囲は無限大ということです。

また現実離れした思考実験をしてみます。今、地球から10光年くらい離れた宇宙空間のある場所に突如として無から星が誕生したと仮定します。この瞬間、地球はその星から重力を受けるでしょうか？ ニュートンは「受ける」と答えたのです。つまりニュートンによれば物体から他の物体に重力が伝わる速度は無限大であり、重力は瞬時にして伝わるということになります。この「瞬時にして伝わる、ゼロ秒で伝わる」という現象をニュートンは「遠隔作用」（action at a distance）と呼んだのです。これは空間の存在を無視すること、あるいは空間がないものとするのと全く同じことになるので、遠隔作用は「非局所的」であるといいます。

アインシュタインの相対性理論は「遠隔作用」を真っ向から否定します。いかなる力も信号も物体も光速度以上で伝わることはない、というのが相対性理論からの帰結です。したがって無から突然発生した星からの重力は光の速さで空間を伝わり、その重力が地球に届くまでには10年かかることになります。太陽の黒点変化などの何らかの物理的変化が生じた場合、その変化の状態が地球に達するまで約8分かかることは現在では周知の事実です。

　さて整理しましょう。EPRが指摘するパラドックスとはこうです。

　図8-1において素粒子Bの物理状態が観測せずに決定されてしまうということは、素粒子Bの物理状態は観測するしないに関係なくすでに決定されているということです。観測が粒子の物理状態を決める（コペンハーゲン解釈）のではなく、観測以前に物理状態は決まっているというのが「現実」であるということです。量子力学に従うと観測以前は何もはっきりとは決まっていない。なのに素粒子Aの観測結果、遠く離れている素粒子Bの物理状態が観測せずに決まってしまう。このことは明らかに「観測しない限り何も決定されない」という量子力学の主張に反することになります。

　さらに、この量子力学の主張通りに、観測前にAの状態もBの状態もハッキリとした状態は何も分かっていない（色々な状態つまり異なった運動方向の状態が重なり合っている）とするならば、Aを観測してその運動方向が分かった瞬間にBの状態（運動方向）が分かってしまうということは、AからBに情報が無限大の速度で伝達されること

第8章　結局、誰も量子力学を理解できないのか？

を意味し、またこれは「いかなる物体もいかなる情報も光速度（有限速度）以上の速度で伝わることはない」という相対性理論の主張に反してしまうことになります。

光速度は秒速30万キロメートルでとてつもなく大きいのですが、AからBに光速度で情報が伝達されてもその伝達時間がゼロとなることはないはずです。アインシュタインは無限大の速度で情報が伝達されることを「お化けの遠隔作用」（Spooky action at a distance）と皮肉って呼んだようです〔注：実際のEPRの論文では171ページの（5－1）式に示されているように素粒子の位置xと運動量pの測定順序がxpかpxかによって結果が異なってしまうということを使っており、もっと複雑な説明になっています〕。

もう一度、EPRの論文が指摘する2つのパラドックスを示しておきます。

1. Aの観測結果は自動的にBの状態を決めてしまう。Bの状態は観測されずに（Bに対しての観測行為なしに）決まってしまう。これは「観測行為が状態を決定する」という量子力学の主張に反する。
2. Aの観測結果を持った情報がAからBに光速度以上の速度（無限大の速度）で伝わることになり、これは「情報は光速度以上の速度で伝わることはない」という相対性理論の主張に反する。

このようにEPRは「量子力学は不完全理論である」ということを訴えたのです。ここで注意することはEPRは決して量子力学を否定してはいないということです。ただ、コペンハーゲン解釈に固執すれば、素粒子Aと素粒子Bとの間の物理的な関係（相関）すなわち2つの素粒子の

運動の方向は互いに反対向き（合成運動量ゼロ）であるが、運動方向が互いに南北に向いているのか、東西に向いているのか、あるいはその外の方向に向いているのかは決まっておらず、あらゆる可能な方向の状態が全部重なっており、AかBのどっちかを観測するまでは運動の方向は本質的に分からないということになり、EPRは「そんな馬鹿な……」とでも言いたかったようです。

アインシュタインおよび彼に同調した物理学者たちは、量子力学を彼らが主張するように完全な理論にするためには測定には決して引っかかることがない「隠れた変数」(hidden variables) があるはずだと主張したのです。この隠れた変数が2つの粒子の間に関与し、Bの状態をあらかじめ決定すると主張したのです。つまり、「隠れた変数」が作用するためAとBの物理状態は観測前にすでに決定されている、というのです。

コインを上に放り投げて手で覆い「表か裏か？」を問う時、表か裏かは観測する（手を開ける）前から決まってはいるけれど、情報不足のために分からない。このために表（あるいは裏）と出る確率が50％となるわけです。しかし明らかにこの確率は波動関数に由来する確率ではなく、量子力学における確率の意味とは全く異なります。隠れた変数によってもたらされる確率はコインの表か裏かに関する確率の類に入り、2つの素粒子の間の物理関係（運動の方向）は初めから決定されていたので、AとBの間の距離がどんなに離れていようがAを観測した途端にすでに決定されているAの運動の方向が現れ、すでに決定されているBの運動の方向も観測せずにいっきょに分かってしまう、と

第8章 結局、誰も量子力学を理解できないのか？

いうことなのです。「隠れた変数」の作用によってすでに決定されている2つの粒子の間の物理状態を測定するのですから、その間に「情報伝達」など必要がないわけです。つまりAの観測結果がBの物理状態をいっきょに決めてしまうなどという解釈は必要ないということになります。

では「隠れた変数」とはどのようなものなのでしょうか？　例えば膨大な数の分子から構成されているガスを考えてみます。ガスの温度は直接測定（観測）してみればすぐ分かることですが、「気体分子運動論」によると個々の分子の平均運動エネルギーがガスの温度を決定します。分子1個の運動エネルギーは$(1/2)\,mv^2$で与えられ、ここにmは分子1個の質量、vはその分子の速度を表します。しかしガス内では個々の分子はすべて同じ方向に動いているわけでもなし、さらに分子同士が頻繁に衝突します。衝突するたびにその運動方向は変わるし、またそのスピードも変わってしまいます。したがってガス分子すべてが常に同じ運動エネルギーを持つなどとは到底考えられません。そこで分子1個当たりの平均運動エネルギーというものを考えるわけで、この平均運動エネルギーがガスの温度を決定するのです。

しかし平均運動エネルギーを知るためには膨大な数（桁でいうと10^{24}個ほど）の分子で構成されている、1個1個の運動エネルギーの値を知らねばなりません。頻繁に衝突を繰り返している1個1個の瞬時の運動エネルギーの値は、現在のスーパーコンピュータを駆使しても到底知り得るものではありません。概略計算によって分子1個当たりの平均運動エネルギーは計算可能ですが、10^{24}個のうちた

った1つの分子を選び出してその運動のようす（頻繁に他の分子と衝突するためジグザグなコースを取る）をつぶさに知ることなど、どだい無理な話です。しかし分子1個1個がこのように運動しているがために平均運動エネルギーなるものが考えられ、それがガスの温度を決定するのです。

「平均運動エネルギー」を算出するには1個の分子がこれこれのスピードを有する確率、あの方向に運動する確率とかいうように「確率論」が入ってきますが、この確率論は保険会社が使う確率論と全く同じで、量子力学的な要素は全く入っていません。ガスの温度は観測（測定）によっていとも簡単に決定できますが、個々の分子の瞬間瞬間の正確な運動状態を観測することはできません。

この場合、個々の分子の瞬間瞬間の運動のようすが「隠れた変数」となります。隠れた変数があるからこそガスには温度という物理量が決定されるわけで、観測以前にガスの温度はすでに決定されているのです。

あのアインシュタインが間違っていたのか？

再び波の定義について話しますが、媒質中どこか1ヵ所が揺さぶられればそこが振動し、その振動がそのすぐ隣の部分を揺さぶり、そこが振動するとすぐまた隣の部分が揺さぶられ……というぐあいに次々と振動が媒質中を伝わっていくのが波の現象です。電磁波の場合は磁場と電場の振動が次々と真空中を光の速さで伝わっていく現象です。このように波というものは1ヵ所が振動するとその振動が次の場所を振動させる原因となっています。つまり波は因果

律に基づいた現象であり、「秩序立った現象」と言えましょう。したがって波の伝わる速度は有限であって決して無限大の速度にはなりません。このような波の伝わり方は「局所的」(local)であると言います。EPR思考実験での信号が無限大の速さで遠く離れた場所にいっきょに伝わっていく現象は「非局所的」(non-local)であると言います。したがってもし量子力学が正しい理論であるとすると、量子力学は「非局所理論」とならざるを得ません。

コペンハーゲン解釈による量子力学では、観測前の粒子の状態は決定されていないということです。一方「多世界解釈」という最近の考え方では、観測前の1つ1つの状態はすべて共存し観測によってそれらの状態は別々の世界に分裂してしまうということですから、観測行為がたった1つの状態を選び他の状態を殺してしまうことはありません。他の状態はそれぞれ別々の世界に生きているのです。Aの観測によって1つの世界に属する1つの状態が選び出されたら、自動的に保存則を満足するように、幾つもある世界の中からBの特定な世界が選び出されることになります。したがって「波動関数の収縮」は起きていません。この説明の方がスッキリしますが、でも観測操作によって分裂した多数の世界が現れるとは……？ 現実はいざ知らず説明がスッキリするというだけのこと？

ベルの不等式とアスペの実験

ここにジョン・ベル(John Bell 1928—1990)という人が登場します。ベルは1960年代の半ば(ちょうど筆者がアメリカにやってきた頃)EPRパラドックスに取りつかれ

ていました。ベルは、局所的な隠れた変数を考慮して EPR思考実験がアインシュタインの言うとおり矛盾するとするなら（パラドックスになるのなら）、ある「不等式」が成り立たねばならないことを示しました。この不等式を仮に

$$\alpha > \beta$$

とおきましょう。これは「ベルの不等式」として知られていますが、実際の不等式はもっと込み入っています。

ベルはこの不等式は非常に不合理な結果を導くことを示し、その理由は「隠れた変数」の存在を認めたところにあると指摘したのです。さらに、この不合理性は上の不等式で不等号の向きを逆にすると消滅することを示しました。つまりベルは「ベルの不等式」は成り立たないという逆説を打ち立てたのです。ベルの不等式が成り立たないということは「局所的隠れた変数」を否定する結果となりました。では結局ベルは何を証明したというのでしょうか？

そうです、アインシュタインの主張を退け、量子力学は間違いのない正しい理論であることを証明した結果となったのです。つまり「局所性」を否定したというわけです。ということはアインシュタインが受け入れようとしなかった非局所性、つまり「お化けの遠隔作用」は認めなければならないということです。認めたくないのなら、この宇宙にあるすべての粒子は相関しており単独な粒子は1つもなく、すべては一括されていて、どの部分も全体の一部と考えるいわゆるホリスティック（holistic）性を認めなけれ

第8章 結局、誰も量子力学を理解できないのか?

ばなりません。果たしてそうなのでしょうか?

今日まで量子力学に反するような実験結果は何ひとつ観測されていません。

1982年、フランスはパリ大学のアスペ(Alain Aspect)は「ベルの不等式」を確かめる実験を行い、その結果「ベルの不等式」が成り立たないことを明確に証明しました。量子力学は「お化けの遠隔作用」が成り立つような理論であるということです! つまり光速度以上(無限大の速度)で1つの粒子からもう1つの粒子に、200万光年離れていようともゼロ秒で信号が伝わるということです。

ウーン、これを読者の皆さんは快く素直に受け止められますか? この解釈は2つの粒子はたとえお互いに200万光年離れていようとも分離不可能であり、最初から強い「相関関係」(correlation)があるというふうな解釈となります。この「分離不可能」と「相関関係」とから2つの粒子の間に何ら信号が伝わる必要はないということにもなります。

人体の機能を考えてみると人体のすべての部分は1つの体に属しており、1つ1つの部分の機能が体全体の機能に関わっており、何ひとつ独立していません。同じようにすべての素粒子はこの宇宙に属しており、どの粒子も独立していることはなく、すべての粒子はお互いに相関していることになります。少し極端な言い方をすれば「ここ」も「あそこ」も区別できないということになりましょうか? やはり世の中ホリスティックなのでしょうか?

誰も量子力学を理解できない？

 頑固者の筆者は、どちらかといえば「コペンハーゲン解釈」に傾いている一介の物理学者です。現在でも大学で使われている量子力学の教科書のほとんどは「コペンハーゲン解釈」に基づいて書かれています。しかし筆者はコペンハーゲン解釈が唯一の正しい解釈であるとも思っていません。量子力学の解釈問題は今もって完全な解決に至っていないと思っているのです。

 今まで話しませんでしたが、シュレーディンガーの波動方程式やディラックの波動方程式は厳密に導くことはできないのです。これらの方程式は「粒子性」と「波動性」あるいは相対性理論に合致するように、「ああでもない、こうでもない」と試行錯誤を繰り返しながら出来上がった方程式です。この世は量子力学によって記述されるように出来上がっているのだということになるのでしょうか？

 ただ重要なことは、いまだかつて量子力学に反するような物理現象（特に物理実験から得られる結果）は1つも現れていないということです。でもこれは当然といえば当然です。なぜならシュレーディンガーの方程式もディラックの方程式も、物理現象に合致するように組み立てられたのですから。量子力学のおかげで半導体ダイオードやトランジスターが発明され、挙げ句の果てにはマイクロチップスが発明されて現在のコンピュータが出現したわけです。

 この最終章で「波動関数の収縮」について議論しました。コペンハーゲン解釈に従えば、観測前は可能なすべての状態が重なり合っており、観測行為が1つの状態を選び出し、その他の状態は消滅してしまうということです。し

第8章 結局、誰も量子力学を理解できないのか？

かし問題はこの「波動関数の収縮」がいったいどこで起こるのかということです。この問題も現在キッパリとは解決されていません。観測結果を最終的に判断するのは人間の意識です。そうなると「波動関数の収縮」は人間の脳内で起こるとも考えられますが、そうするとこれは人間の意識が現実を作り上げるということになります。これを受け入れていない物理学者は少なくありません。しかし頭ごなしに「ばかばかしい」と一蹴してしまうのもどうかと思います。人間の意識が現実を作り上げるということはあまりにも人間を中心にした考え方ですが、人間は人間の脳を通してしか物事を理解することができません。人間の脳も量子力学に牛耳られていることでしょう。

朝永振一郎博士とノーベル賞を分かち合ったアメリカのリチャード・ファインマン（Richard Feynman 1918—1988）はかつて「誰も量子力学を理解できない（Nobody understands quantum mechanics）」と言ったことがあります。

しかし、こうしている間にも世界中のほとんどの物理学者達は、「量子力学の解釈」とは関係なく、しかも量子力学をふんだんに駆使して、研究に励んでいるのです。

参考文献

『量子力学の世界』片山泰久　講談社（ブルーバックス）1967年
『不確定性原理』都筑卓司　講談社（ブルーバックス）1970年
"Quantum Physics" 2nd edition, Robert Eisberg and Robert Resnick, John Wiley & Sons, 1985

さくいん

<人名>

アインシュタイン	38
アスペ	287
アンダーソン	240
ウーレンベック	202
ガーニイ	261
ガモフ	261
菊池正士	82
クライン	235
ゲルラッハ	199
ゴルドン	235
コンドン	261
コンプトン	51
ジャーマー	76
シュテルン	199
シュレーディンガー	114
ディラック	226
デビッソン	76
外村彰	112
ド・ブローイ	63
トムソン	81
朝永振一郎	109, 187
長岡半太郎	53
ハイゼンベルク	170
ハウトスミット	202
パウリ	215
ファインマン	289
フーリエ	174
ブラッグ	80
プランク	28
ベル	285
ボーア	55
ポドルスキー	273
ボルン	103
ラザフォード	53
ローゼン	273

<欧文・記号>

CP対称性の破れ	243
EPRパラドックス	273
X線光子	49
Ψ(プサイ)	101

<あ行>

アインシュタインの関係式	47
アルファ崩壊	260
位相	92, 102
位相関係	93
位置の不確定さ	179
上向きスピン	206
運動エネルギー	65
運動量	63
運動量の不確定さ	179
エネルギー	190
エネルギーの不確定さ	189
エネルギー保存の法則	61, 191
遠隔作用	279
お化けの遠隔作用	281

<か行>

回折現象	21, 52, 79, 86, 98, 188
回折縞	98, 100
回転力（トルク）	130
角運動量	75, 124
角運動量のZ成分	127, 140
角運動量ベクトル	126
角運動量保存の法則	125
確率波	120
隠れた変数	282, 286
重ね合わせの原理	21, 105, 172, 207
カシミール効果	187
仮想粒子	193
加速電圧	79
荷電粒子	62
カリフォルニア工科大学	240
干渉現象	21
干渉縞	94, 100
完全黒体	23
観測に対する確率	148
気体分子運動論	283
軌道運動	54
軌道角運動量	129, 138
軌道角運動量ベクトル	141
軌道角運動量量子数	136, 138
軌道遷移	58
境界条件	130
行列力学	170
極座標	116
局所的	285
空間反転	160
クォーク	223
クライン=ゴルドンの方程式	235, 240
ゲージ粒子	223
結晶構造	77
決定論	271
原子核	53
光子	43
光子1個の持つ運動量	68
光子1個の持つエネルギー	44, 46, 67
合成波	166
光電効果	38
黒体放射	21
コヒーレントな波	88
コペンハーゲン解釈	268
コンプトン散乱	48

<さ行>

散乱角	77
紫外線	44
時間の不確定さ	189
磁気量子数	136, 139
色力	223
下向きスピン	206
磁場の方向	128
縞模様	94
自由電子	39
シュテルン=ゲルラッハの実験	202
主量子数	136
シュレーディンガーの波動方程式	115, 129
障壁ポテンシャル	251
消滅	242
消滅演算子	244
初期条件	195

振動数	19	伝播速度	18
水素原子	55, 121, 128	特殊相対性理論	135, 191, 225
水素原子のポテンシャル・エネルギー	129	ド・ブローイの式	71
		トンネル効果	248, 254
スピン角運動量	134, 204	トンネルダイオード	264
スピン角運動量のZ成分	204		
スピン軌道相互作用	239	<な行>	
スピン波動関数	206	波の位相	88
スピン量子数	208	二重スリット	86, 89
スリット	86	ニュートリノ	212
正弦波	19	熱	190
静止質量	227	熱平衡状態	28
生成演算子	244		
絶対零度	186	<は行>	
ゼロ点エネルギー	187	排他律	215, 218, 236
相関関係	287	パウリ・スピン行列	238
相対性理論	68	波束	166, 172
相対論的波動方程式	228	波長	19
束縛エネルギー	45	波動関数	101
		波動関数の収縮	266
<た行>		波動関数の物理的解釈	103
対称	217	波動性	52, 101
第二の量子化	243	波動方程式	114
多世界解釈	270, 285	場の量子論	244
弾性衝突	66	パリティ	157
ディラックの波動方程式	229	反対称	217
電荷保存の法則	192	半波長	93
電子の軌道	55	反物質	242
電子の軌道半径	162	反粒子	234, 241
電子のスピン	198	非局所的	285
電子の物理状態	220	非弾性衝突	66
電子波	72	微分演算子	116, 133
電子場	243	標準理論	223
電磁波	18, 22	フーリエ積分	174
電子ビーム	77	フェルミオン	244

フォトン	43	陽子	55
不確定性原理	179, 184	陽電子	192, 234, 241
複素関数	102, 118	4次元時空	226
物質波	120	4行4列の行列	237
物質波の波長	70		
ブラッグの式	80		
プランクの定数	32, 44, 71		

<ら行>

分離不可能	287	粒子性	52, 139
ベクトル量	54	粒子と波の二重性	74
ヘリウム原子	224	粒子の生成消滅	245
ヘリウム原子核	224	量子	34, 243
ベルの不等式	286	量子化	34, 130
ボーアの水素原子モデル	57	量子効果	187
ボーアの理論	56	量子状態	147
ボーア半径	161	量子数	132, 151
ボソン	244	量子飛躍	61, 87, 152, 167
ポテンシャル・エネルギー	56, 116	量子力学	34
		量子力学的解釈	110
ポテンシャルの山	251	量子力学の解釈	289
ホリスティック	286	量子力学の解釈問題	111, 267
		レーザー光線	88

<や行>

幽霊波	109, 111, 118, 148

N.D.C.421.3　　294p　　18cm

ブルーバックス　B-1415

量子力学のからくり
りょうししりきがく

「幽霊波」の正体

2003年 7 月20日　第 1 刷発行
2023年11月14日　第12刷発行

著者	山田克也（やまだかつや）	
発行者	髙橋明男	
発行所	株式会社講談社	
	〒112-8001 東京都文京区音羽2-12-21	
電話	出版　03-5395-3524	
	販売　03-5395-4415	
	業務　03-5395-3615	
印刷所	（本文印刷）株式会社 KPSプロダクツ	
	（カバー表紙印刷）信毎書籍印刷 株式会社	
製本所	株式会社国宝社	

定価はカバーに表示してあります。
©山田克也　2003, Printed in Japan
落丁本・乱丁本は購入書店名を明記のうえ、小社業務宛にお送りください。送料小社負担にてお取替えします。なお、この本についてのお問い合わせは、ブルーバックス宛にお願いいたします。
本書のコピー、スキャン、デジタル化等の無断複製は著作権法上での例外を除き禁じられています。本書を代行業者等の第三者に依頼してスキャンやデジタル化することはたとえ個人や家庭内の利用でも著作権法違反です。
R〈日本複製権センター委託出版物〉複写を希望される場合は、日本複製権センター（電話03-6809-1281）にご連絡ください。

ISBN4-06-257415-2

発刊のことば

科学をあなたのポケットに

　二十世紀最大の特色は、それが科学時代であるということです。科学は日に日に進歩を続け、止まるところを知りません。ひと昔前の夢物語もどんどん現実化しており、今やわれわれの生活のすべてが、科学によってゆり動かされているといっても過言ではないでしょう。

　そのような背景を考えれば、学者や学生はもちろん、産業人も、セールスマンも、ジャーナリストも、家庭の主婦も、みんなが科学を知らなければ、時代の流れに逆らうことになるでしょう。

　ブルーバックス発刊の意義と必然性はそこにあります。このシリーズは、読む人に科学的に物を考える習慣と、科学的に物を見る目を養っていただくことを最大の目標にしています。そのためには、単に原理や法則の解説に終始するのではなくて、政治や経済など、社会科学や人文科学にも関連させて、広い視野から問題を追究していきます。科学はむずかしいという先入観を改める表現と構成、それも類書にないブルーバックスの特色であると信じます。

一九六三年九月

野間省一